国家自然科学基金（52175035）
广东省基础与应用基础研究基金（2023A1515011522）　　资助

柔顺精密定位与操作平台设计与研究

ROUSHUN JINGMI DINGWEI YU CAOZUO PINGTAI SHEJI YU YANJIU

甘金强　张宪民　著

图书在版编目(CIP)数据

柔顺精密定位与操作平台设计与研究/甘金强,张宪民著.—武汉:中国地质大学出版社,
2025.2.—ISBN 978-7-5625-6154-5

Ⅰ．TH112

中国国家版本馆 CIP 数据核字第 20258FK231 号

柔顺精密定位与操作平台设计与研究		甘金强　张宪民　著

责任编辑:周　旭	选题策划:易　帆	责任校对:徐蕾蕾

出版发行:中国地质大学出版社(武汉市洪山区鲁磨路388号)　　　　　　　邮编:430074
电　　话:(027)67883511　　　　传　　真:(027)67883580　　E-mail:cbb@cug.edu.cn
经　　销:全国新华书店　　　　　　　　　　　　　　　　　　　http://cugp.cug.edu.cn

开本:787 毫米×1092 毫米　1/16　　　　　　　　字数:198 千字　　印张:7.75
版次:2025 年 2 月第 1 版　　　　　　　　　　　　印次:2025 年 2 月第 1 次印刷
印刷:武汉邮科印务有限公司

ISBN 978-7-5625-6154-5　　　　　　　　　　　　　　　　　　　　　　定价:58.00 元

如有印装质量问题请与印刷厂联系调换

前　言

柔顺机构是基于传统刚性机构进化而来的一种机械结构,它通过本身或者部分构件材料结构的变形来产生并输出位移、力和能量。相较于传统的刚性机构,柔顺机构使用柔性运动结构代替了刚性结构中全部的运动副,也就是说,柔顺机构没有传统意义上的刚性铰链等。因此柔顺机构没有刚性结构需要定期润滑等方面的缺点,同时还具有无摩擦、无间隙、高精度和高稳定性等优良特性,并且生产加工难度不高,易于小型化和大批量生产,所以广泛应用于航空航天、医疗设备、生物工程等诸多真空环境、精密操作及定位等特殊场合。近年来,随着国内工业机器人产业的崛起和发展,柔顺机构由于其灵活性和机动性,在仿生机械和智能机器人领域发挥着越来越重要的作用。柔顺机构虽然有综上所述的诸多优点,但是同样存在着疲劳破坏、应力集中等问题,因此,对柔顺机构进行分析与研究,是十分有必要和有价值的。

柔顺精密定位平台和精密操作平台是柔顺机构的两个典型研究对象,笔者针对柔顺精密定位与操作平台展开了深入研究。第 1 章首先介绍了柔顺机构的定义,然后按照柔顺铰链、柔顺定位平台及柔顺操作平台的顺序介绍了柔顺机构的研究现状,并指出其未来的发展方向。第 2 章基于经典伪刚体模型,建立了可应用于柔顺机构中直梁和圆梁精确建模的通用型 PPRR 伪刚体模型,并用仿真实验证明其有效性。传统 Z 型铰链(ZFH)由 3 个柔顺梁通过串行连接组成,它可以通过自身弯曲来改变运动方向,放大运动行程。第 3 章在传统 ZFH 的基础上,提出了一种具有更大放大比的新型 ZFH;基于新型 ZFH,利用新型 ZFH、导向机构、杠杆机构和 2 个压电陶瓷驱动器设计了 XZ 二自由度精密定位平台。该平台被允许在 x 轴上双向移动和在 z 轴上单向移动,ZFH 的应用使平台在 z 方向上具有了较大的运动行程。第 4 章则考虑到 Z 型铰链结构简单、可以改变输入位移的方向、放大输出方向上的位移等特点,提出了一种相比传统 Z 型柔顺铰链具有更大放大比的新型 Z 型柔顺铰链,并基于 Z 型铰链提出了一种三自由度 XYZ 精密定位平台。新型 Z 型柔顺铰链的结构是通过对传统 Z 型柔顺铰链进行优化而得到的,实现了更大的放大比和更小的耦合误差。通过采用桥式机构、杠杆机构和新型 Z 型柔顺铰链,该平台以较小的空间尺寸在 3 个轴上,特别是 z 轴上实现了大行程。此外,通过仿真实验证明结合了该新型 Z 型柔顺机构的平台具有更优越的性能。第 5 章提出了一种新型的基于 Z 型柔顺铰链的三自由度 XYZ 精密定位平台。该平台能够在 x、y 和 z 轴上实现双向运动,并具有大行程特征。对该平台进行有限元分析,实验测试结果显示其性能优越且误差较小。第 6 章在柔顺机构的基础上,设计了一种基于柔顺机构的双行程纯转动精密定位平台。该平台通过引入嵌套结构和多层结构,成功实现了"双行程"和"双分辨率",同时兼顾了大的输出转角和高的分辨率;通过融合柔顺化的双曲柄滑块机构,实现了几乎无耦合误差的纯转动运动。柔顺精密定位平台整体采用的圆形和对称设计,使平台结构紧凑,大大节省了加工成本。第 7 章提出了一种基于圆梁型铰链的柔顺可调恒力微夹持器。首先，对夹持器中的圆梁型铰链和倾斜梁进行了分析和建模。其次，结合椭圆积分法和伪刚体模型法，通过粒子群优化算法辨识刚度组合恒力机构的结构参数。然后，提出了一种基于刚度组合恒力机构的被动恒力夹持器。最后，进行了一系列静态结构分析和模态分析，以证明夹持器的性能。

在这些柔顺机构相关研究领域里，有着许多高质量的研究成果和精细的参考文献，在本书的每一章结尾部分会列出其中的一部分。在此对参与这些研究的科研人员表示深切的感谢！

本书是在国家自然科学基金-面上项目（资助项目号：52175035）和广东省基础与应用基础研究基金-面上项目（资助项目号：2023A1515011522）的资助下完成的，在此对在完成项目的过程中给予我们帮助的专家、学者们表示诚挚的感谢！

此外，还要感谢中国地质大学（武汉）机械与电子信息学院，以及万乐进、王宇、谢文龙、崔思琪、陈枫 5 位同学在本书撰写过程中所提供的帮助。

由于作者水平有限，书中难免存在一些不妥之处，恳请广大读者批评指正。

甘金强　张宪民
2024 年 6 月 3 日

目 录

第 1 章　柔顺机构定义及研究现状 ……………………………………………………（1）
　1.1　柔顺机构定义 …………………………………………………………………（1）
　1.2　柔顺机构研究现状 ……………………………………………………………（1）
　1.3　本章小结 ………………………………………………………………………（9）
　主要参考文献 ………………………………………………………………………（9）

第 2 章　一种针对直梁和圆梁的通用型的 PPRR 伪刚体模型 ………………………（13）
　2.1　引　言 …………………………………………………………………………（13）
　2.2　柔顺梁的 PPRR 模型建模 ……………………………………………………（15）
　2.3　数值示例 1：具有圆形梁的单个平行导向机构 ……………………………（21）
　2.4　数值示例 2：具有波纹形柔顺单元的柔顺机构 ……………………………（22）
　2.5　本章小结 ………………………………………………………………………（24）
　主要参考文献 ………………………………………………………………………（25）

第 3 章　基于新型 Z 型柔顺铰链的二自由度 XZ 精密定位平台设计 ……………（27）
　3.1　引　言 …………………………………………………………………………（27）
　3.2　平台结构设计 …………………………………………………………………（28）
　3.3　平台建模分析 …………………………………………………………………（29）
　3.4　有限元分析与讨论 ……………………………………………………………（34）
　3.5　本章小结 ………………………………………………………………………（36）
　主要参考文献 ………………………………………………………………………（36）

第 4 章　基于新型 Z 型柔顺铰链的三自由度 XYZ 精密定位平台设计 …………（38）
　4.1　引　言 …………………………………………………………………………（38）
　4.2　平台结构设计 …………………………………………………………………（39）
　4.3　平台建模分析 …………………………………………………………………（40）
　4.4　有限元分析与讨论 ……………………………………………………………（50）
　4.5　本章小结 ………………………………………………………………………（53）
　主要参考文献 ………………………………………………………………………（53）

第 5 章　基于 Z 型柔顺铰链的三自由度双向运动精密定位平台设计 …………… (56)
　5.1　引　言 ……………………………………………………………………………… (56)
　5.2　XYZ 双向运动平台结构设计 ……………………………………………………… (57)
　5.3　平台静力学建模与分析 …………………………………………………………… (58)
　5.4　平台动力学建模与分析 …………………………………………………………… (64)
　5.5　有限元分析与讨论 ………………………………………………………………… (65)
　5.6　平台实验测试 ……………………………………………………………………… (68)
　5.7　本章小节 …………………………………………………………………………… (71)
　主要参考文献 ……………………………………………………………………………… (72)

第 6 章　基于柔顺机构的双行程纯转动精密定位平台设计 ……………………………… (75)
　6.1　引　言 ……………………………………………………………………………… (75)
　6.2　双行程纯转动精密定位平台结构设计 …………………………………………… (77)
　6.3　双行程纯转动精密定位平台分析建模 …………………………………………… (81)
　6.4　双行程纯转动精密定位平台尺寸优化 …………………………………………… (87)
　6.5　双行程纯转动精密定位平台仿真实验 …………………………………………… (90)
　6.6　本章小结与研究展望 ……………………………………………………………… (93)
　主要参考文献 ……………………………………………………………………………… (94)

第 7 章　基于圆梁型铰链的柔顺可调恒力微夹持器设计 ………………………………… (97)
　7.1　引　言 ……………………………………………………………………………… (97)
　7.2　基于圆梁型铰链的刚度组合恒力机构设计 ……………………………………… (98)
　7.3　夹持器及预紧机构设计 …………………………………………………………… (108)
　7.4　夹持器的实验研究 ………………………………………………………………… (111)
　7.5　本章小结 …………………………………………………………………………… (114)
　主要参考文献 ……………………………………………………………………………… (114)

第1章　柔顺机构定义及研究现状

1.1　柔顺机构定义

柔顺机构,也被称为compliant mechanism,是一种利用元件本身的弹性变形来实现整体(或部分)运动以及力和能量传递的一种新机构(张宪民等,2016;Wang et al.,2019;卢清华等,2022)。柔顺机构与常规的刚体结构有很大的区别。常规的刚性结构由多个刚体组成,它们之间的连接是一种刚性结构,它的移动来源于一个移动副,而它的弹性结构可以是多个柔顺部件或者刚性部件的结合或者一个整体;并且它的移动有一小段是由它的挠性部件产生的,而非完全是由一个移动对引起的。常规的刚体结构由于具有高的刚度,不会产生任何的位移,因此无法进行能量的传输;而柔顺机构则被设计为具有一定的弹性,因此可以传递运动、力和能量。

1.2　柔顺机构研究现状

1.2.1　柔顺铰链

柔顺铰链是精密定位平台的基础单元,也是柔顺机构设计中的重点之一。Paros和Weisbord在1965年首次提出了柔顺铰链的概念。经过不断发展,美国著名学者Howell于2013年在 *Compliant Mechanisms* 一文中系统地对柔顺机构进行了介绍,并总结了各种柔顺机构设计与分析的理论方法。至此,人们对柔顺机构有了更深刻的理解,柔顺机构也逐渐成为研究人员在相关领域的研究热点。在集中柔度式柔顺机构中,由于铰链处设计得很薄,因此变形往往发生在所设计的柔顺铰链处。相对于传统的刚性铰链,柔顺铰链的最大特点是其依靠薄弱部分的变形实现运动功能,而无摩擦、无间隙和无须装配的特点使柔顺铰链具有极高的精度。

在柔顺机构中,按照柔顺铰链加工的缺口形状来分类,最常见的柔顺铰链是半圆缺口型铰链(Ahuett-Garza et al.,2014)和直角缺口型铰链(Valentini and Pennestrì,2017),利用这两类柔顺铰链配合刚体模块可以完成大部分精密定位平台的设计。此外还有椭圆缺口型铰链(卢倩等,2015)、"V"形缺口型铰链(Tian et al.,2010)等。一些学者为优化铰链的性能,还提出了各种创新型柔顺铰链。董飞等(2022)设计了一种变厚度型铰链,提高了转动精度;黄兴山等(2017)设计了一种中空型柔顺铰链,在提高了旋转精度的同时增加了铰链的柔度。图

1-1 展示了目前各种类型的柔顺铰链。

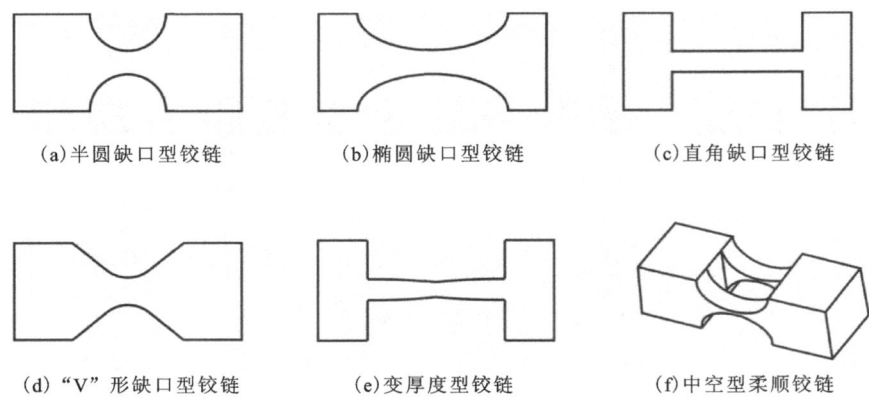

(a)半圆缺口型铰链　　(b)椭圆缺口型铰链　　(c)直角缺口型铰链

(d)"V"形缺口型铰链　　(e)变厚度型铰链　　(f)中空型柔顺铰链

图 1-1　几种不同类型的柔顺铰链

此外,按照柔顺铰链的自由度分类可以分为单自由度柔顺铰链、柔顺虎克铰链和柔顺球副。图 1-1 中所列举的柔顺铰链都属于单自由度柔顺铰链。而柔顺虎克铰链[图 1-2(a)]通常由两个单自由度的柔顺铰链缺口垂直布置,并采用串联的方式组成,因此虎克铰链拥有两个运动自由度。柔顺球副[图 1-2(b)]通过将中间的运动副做成细长的形状来产生平面任意方向的运动,它是以牺牲各方向上的刚度来实现多自由度转动的。

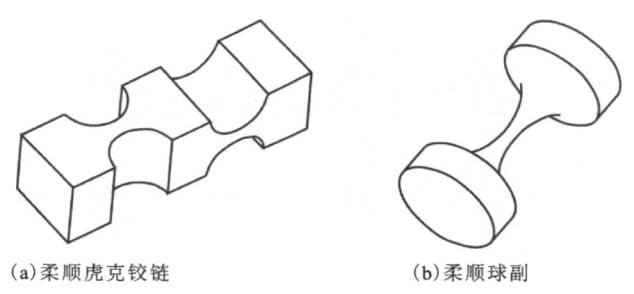

(a)柔顺虎克铰链　　(b)柔顺球副

图 1-2　多自由度柔顺铰链

为实现柔顺铰链功能的多样化,除了上述的柔顺铰链以外,也有一些特殊的柔顺铰链被学者们相继设计出来,为柔顺机构的发展做出了卓越的贡献,Z 型柔顺铰链就是其中的一种。Z 型柔顺铰链最初是由 Guan 和 Zhu(2010)提出来的,用于热驱动器。他们通过设置 Z 型柔顺铰链的参数(中间梁段长、梁宽等)从而确定不同状态下热驱动器的性能。Z 型柔顺铰链结构简单,具有一定的放大比,并且具有改变运动方向的功能。它与 V 型柔顺铰链较为相似,但与普通 V 型柔顺铰链相比,在一定相同的参数下,它又具有更大的刚度范围和更小的特征尺寸。

1.2.2　柔顺定位平台

国内外学者根据不同场景下的应用需求,设计并研究了一系列的柔顺精密定位平台,这些平台结构不断趋于复杂化,功能不断趋于专门化,性能不断趋于高水准,为相关领域科学研究进展和生产生活需要提供了有力的支撑。从结构来看,当前的柔顺精密定位平台主要包括从单自由度(贾晓辉和刘今越,2017;Das et al.,2020),到面内二自由度(王念峰等,2018;Tian et al.,2022)、三自由度(SP and Bharanidaran,2020;Al-Jodah et al.,2020),再到空间多自由度(Lin et al.,2021;Ghafarian,2019)的设计,设计案例如图1-3所示。早期的柔顺精密定位平台主要是单自由度的柔顺精密定位平台,说是平台,其实只是简单的机构。这类柔顺精密定位平台往往是设计在驱动器上加装简单的单自由度机构完成的,功能单一,性能较低。近年来,随着相关领域操作需求的出现,一些新型的单自由度柔顺精密定位平台被设计出来,其中的一些柔顺精密定位平台在单自由度运动的基础上,附加了其他的独特功能,如大输出行程(Choi et al.,2005)、"双行程"和"双精度"设计(Xu,2014)等。这类新型单自由度柔顺精密定位平台的出现,拓宽了单自由度柔顺精密定位平台的应用场景。除了单自由度柔顺精密定位平台,另一类常见的柔顺精密定位平台是包含两轴平动自由度或面内转动自由度的面内二自由度柔顺精密定位平台和三自由度柔顺精密定位平台。面内二自由度平台和三自由度平台是对单自由度机构或平台的拓展,往往通过单自由度机构的串联和并联进行搭建而成,能够同时满足多个运动需求(Pinskier et al.,2016)。这类平台的出现,大大提升了单个平台的性能,使柔顺精密定位平台更加趋于专门化,柔顺精密定位平台设计的价值逐渐凸显。空间多自由度的柔顺精密定位平台设计,同样是低自由度柔顺机构的组合搭建,相较于前面两类自由度下的柔顺精密定位平台,结构更为复杂,平台体积更大,最多的自由度数可以达到六自由度(Cai et al.,2017)。由于空间多自由度柔顺精密定位平台一般由数个简单机构串联或并联而成,机构的运动误差会不断累积、互相影响,造成空间多自由度平台容易出现较大误差的倾向,因此对其结构设计的严密性和控制设计的可靠性提出了更高的要求。柔顺精密定位平台的设计研究当前正呈现出百花齐放的态势,未来也一定会有更多新型的柔顺精密定位平台问世。

驱动器是产生激励信号使机构发生位移的装置,是柔顺精密定位平台设计不可或缺的组成部分。为一个柔顺精密定位平台选择一个合适的驱动器,首先需要了解不同驱动方式的原理和差异。在柔顺精密定位平台设计中,通常采用的驱动器包括以下4种:压电驱动器(Gao et al.,1999;Li and Xu,2011;Wang et al.,2020)、电磁驱动器(Wan and Xu,2016;Wang et al.,2018)、静电驱动器(Chang et al.,2014;Piriyanont and Moheimani,2014)、电热驱动器(Tsai et al,2005;Nakic,2016)。压电驱动器的工作原理是基于压电材料的逆压电效应。当在压电驱动器两端施加一个外部电场,压电材料就会通过伸长变形的方式调整其内部电场,并以此来抵抗外界变化(Maluf,2002)。压电驱动器能够提供超大驱动力,这一特点使其有利于驱动刚度较大的合金制柔顺精密定位平台。此外,压电驱动器还具备快速响应和高分辨率的优点,有利于配合柔顺精密定位平台实现高精度操作(Wu and Xu,2018)。目前,封装的压电陶瓷驱动器已经被广泛应用到柔顺精密定位平台的设计中。电磁驱动器的运作实质就是借助驱动器内部永磁体和线圈之间的相互作用,将电能转换为动能。电磁驱动器的最大优点是驱动过程几乎无摩擦,且能够提供较大的驱动行程、较高的驱动精度(Ghosh and Corves,2015)。音圈电机就是最常见的一种电磁驱动器,因其高精度的特点,被广泛应用在柔顺精密定位平台的搭建中。静电驱动器,顾名思义,由静电力提供驱动力。静电驱动器一般由两个

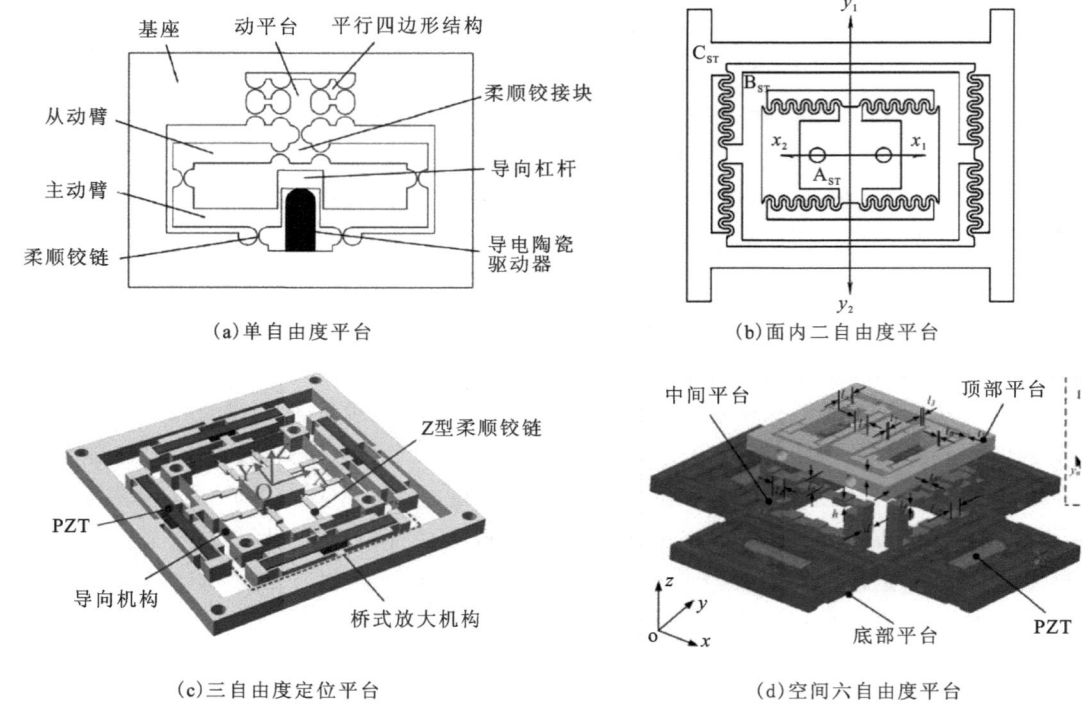

图 1-3 柔顺精密定位平台设计

金属极板构成,当将其中一个极板固定,并在两极板之间加上一定的电压时,驱动器另一个活动的极板就会自发地进行移动,以改变两极板之间的电容,进而抵消两极板之间电压的变化(Li and Chew,2018)。静电驱动器驱动的方向与驱动器自由极板上所施加的约束相关,根据约束的不同,静电驱动器可以实现多个方向的驱动。电热驱动器是基于材料的受热膨胀原理设计的一种驱动器,当电流通过导体时,由于导体电阻的存在,会产生焦耳热,而焦耳热会进一步导致导体的伸展,由此带来变形。电热驱动器的优点是运动精度高、可重复性好,但是由于热的传导需要一定的时间,所以电热驱动器的驱动频率较低,耗电量较大。此外,电热驱动器不仅易受操作环境温度的干扰,还容易给操作目标带来不利的影响。

为了在柔顺精密定位平台设计中能够更好地兼顾平台大的输出位移和高的分辨率,国内外学者对柔顺精密定位平台进行了"双行程"设计的一些尝试。Clayton 等(2014)对一个单自由度"双行程"柔顺精密定位平台进行了研究,该平台的实物实验如图 1-4(a)所示。该柔顺精密定位平台的设计借鉴仪器设备设计时常用的"宏微结合"的设计思想,将内外两组柔顺机构同向嵌套在一起,并分别由两个不同满行程的驱动器驱动,由此同时得到大行程中较大的运动范围和小行程中较高的分辨率。这一"宏微结合"的设计思想完美地将大、小行程结合在一起,颇具推广意义。Xu(2014)设计了利用单个线性驱动器驱动的"双行程""双精度"柔顺精密定位平台,如图 1-4(b)所示。该平台首先利用具有大变形潜力的柔顺悬臂梁搭建多级平行四边形机构,以获得大的输出行程。接着进行巧妙的"双行程"设计,利用中间运动块和阻挡块构建全行程过程中机构的转换点,当中间运动块被阻挡下来时,机构连接发生实质性变化,完成刚度的突变,以实现"双行程"和"双精度"的设计。这一巧妙的机构设计仅用单个驱动器就实现了"双行程",已被推广至其他的"双行程"柔顺精密定位平台设计,甚至其他的"双行程"柔顺力学传感器设计中。"双行程"设计在柔顺精密定位平台的平动自由度运动中已经崭露头角,但目前关于"双行程"柔顺转动精密定位平台的研究并不多见。

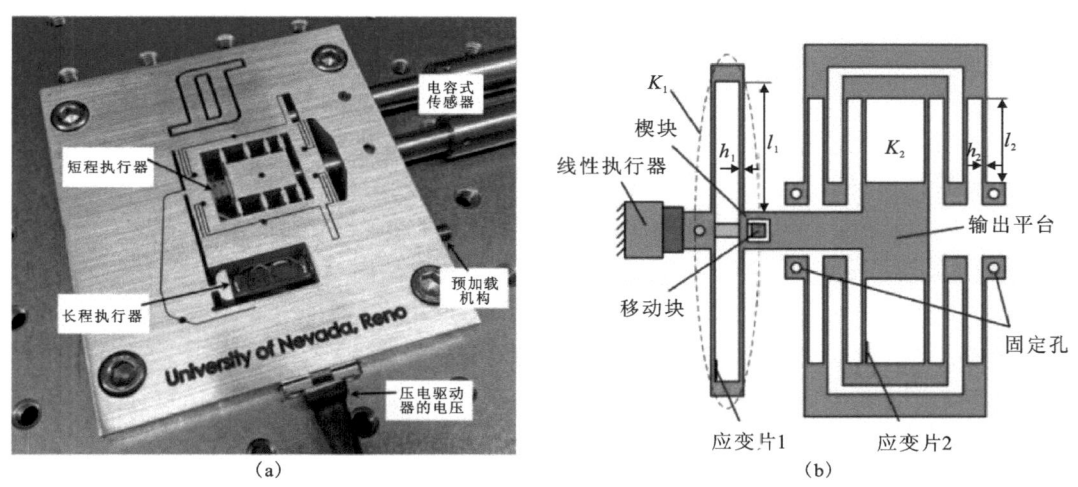

图 1-4 "双行程"柔顺精密定位平台设计

1.2.3 柔顺操作平台

从 20 世纪 80 年代开始,以柔顺机构为核心的精密操作平台开始逐渐成为研究热点(Her,1986),相关领域(柔顺夹持器、恒力机构等)已经取得一系列有意义的成果,总结如下。

1. 柔顺夹持器

柔顺微夹持器一般由驱动模块、柔顺微位移传递装置和一对夹爪组成。柔顺微夹持器因其灵活性、准确性和低成本的特性被广泛应用于生物医学和机器人操作领域。经数十年发展,许多不同类型的微夹持器及其设计方法被相继提出。按照夹持器的操作目标尺度,可将现有的柔顺微夹持器大致分类为大尺度夹持器、中微尺度夹持器和微尺度夹持器。不同操作尺度的柔顺夹持器的一般特性如表 1-1 所示。

表 1-1 不同操作尺度的柔顺微夹持器一般特性

尺度	物件尺寸	加工方式	驱动器	主要用途
大尺度	>1mm	线切割、CNC	压电陶瓷、音圈电机、伺服电机	机器人执行爪
中微尺度	$100\mu m \sim 1mm$	线切割	压电陶瓷、音圈电机	光纤操作、微零件加工
微尺度	$<100\mu m$	微加工工艺	电热制动、静电驱动、电磁驱动、记忆合金驱动、压电陶瓷驱动	细胞操作

大尺度柔顺夹持器的柔度往往更加分散,搭配行程更大的驱动器,可完成对尺寸超过 1mm 物件的操作任务。图 1-5 所示为 Petković 等(2013)设计的柔顺夹持器,该夹持器采用了欠驱动的结构设计,机构的刚度分散于整个夹爪,使其能够在夹持过程中被动适应各种形状的物品。Liu 等(2018)使用分步拓扑综合与自适应优化设计的方法进一步提升了该类型的结构性能。Doria 和 Birglen(2009)则是将柔度集中于相对有限的点位,以刚体机构设计的思路开发了一款柔顺微夹持器,并搭配翘板驱动结构实现了被动自适应夹持。欠驱动是设计大尺度柔顺微夹持器所采用的较普遍的思路,这种设计方式能有效地提升单一机构的兼容性和操作的安全性。但在该类型的尺度下,机械夹持器(Caffaz and Cannata,1998)、软性夹持器(Homberg et al.,2015)、颗粒夹持器(Brown et al.,2010;Amend et al.,2012)等也能实现相同操作任务,且相关技术已经发展得更为成熟。大尺度夹持器中柔顺设计的优势没有很好地体现。

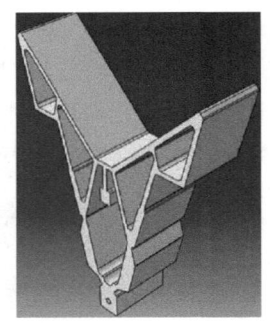

图 1-5 大尺度夹持器

微尺度柔顺夹持器普遍使用于细胞操作等领域(Reddy et al.,2010)。在这类工况中,对操作力的控制往往是一个重要的设计前提。图 1-6 所示为 Yang 等(2017)设计的柔顺微夹持器,该夹持器集成了静电制动器和电容力传感器,采用以硅板为基础的微加工工艺,经多层沉积、喷涂、蚀刻完成。驱动器在 80V 电压下具有 $59\mu m$ 的末端行程,力传感器在 $\pm 98.27\mu N$ 范围内的传感精度为 $0.58\mu N$。Xu(2015)基于柔顺旋转轴承和直线导向柔顺结构设计了一个柔顺微夹持器,该夹持器同样集成了静电制动器和电容式传感器,在 72V 驱动电压下的夹持行程为 $63\mu m$,力传感器在 $\pm 144\mu N$ 范围内的传感精度为 $0.61\mu N$。Greminger 等(2005)基于刚性五连杆机构,将其抽象为柔顺机构,设计了一个使用热致驱动的四自由度微夹持器,受驱动器的限制,该夹持器的最大驱动位移和最大驱动力分别为 $12.7\mu m$ 和 $1.9mN$。Chang 和 Cheng(2009)采用聚氨酯薄膜制作了微夹持器,通过形状记忆合金进行夹持驱动,以 CCD 显微系统和图像处理算法实现了力的传感,该夹持器的最大驱动位移和最大驱动力分别为 $40\mu m$ 和 $15\mu N$。Bhargav 等(2015)开发了一个用于评价 MCF-7 细胞体积刚度的微夹持器,该夹持器采用两级分布柔度式柔顺机构设计,最终通过显微视觉系统实现了夹持器力的传感识别。在微尺度柔顺夹具研究领域,受制于平台尺寸,实现力传感的方式一般都为集成式,系统性能受诸多因素限制;同时,微尺度柔顺夹具的加工流程也相对更为复杂,系统实现难度较高。

中微尺度柔顺夹持器可用于微器件加工和较大型细胞的操作,具有较宽的适用范围。Zubir 和 Shirinzadeh(2009)采用悬臂梁法和伪刚体模型法开发了高精度平行爪中微夹持器(图 1-7),初态时夹爪间距为 $400\mu m$,最大可实现的夹持位移为 $100\mu m$,放大系数为 2.85。Ai 和 Xu(2014)基于 SR 机构和杠杆机构开发了一款双向平行微夹持器,该夹持器单个夹爪的最大位移可达 $1000\mu m$,放大系数高达 22.2。Nah 和 Zhong(2007)设计、制作并测试了一种使用压电陶瓷驱动的微夹持器,该夹持器的最大夹持范围为 $170\mu m$,放大系数为 3。Nikoobin 和 Niaki(2012)在提出的 16 种不同的微爪模型的基础上,分析了微爪设计和性能的有效参数,如材料、放大比、夹持范围和运动形式等,并对不同的夹爪形状进行了总结。Krishnan 和 Saggere(2012)开发了可用于操纵任何方向、形状复杂、尺寸小的物体的微夹具,并提出了旋转弯曲的概念,最终获得了放大比为 11.56 的夹持器,夹具的最大夹持位移为 100μm。Madhab 等(2010)研制了基于伪刚体模型法的柔顺微机械手,并对圆形铰链进行了遗传算法优化。整体而言,中微尺度的夹持器能更好地发挥柔顺设计的优势;同时,因中微尺度领域的操作特性及平台尺度等因素,柔顺夹持器的刚性机构的可替代性也较低;此外,相较于刚性机构,该尺度下柔顺机构的制作成本相对更低。因此,中微尺度的柔顺微夹持器具有更广的工程应用可能性。然而在现有的相关研究中,普遍采用独立传感器来搭建中微尺度夹持系统,这使得系统复杂度较高,在连续、多类型操作目标方面的兼容性也相对有限。

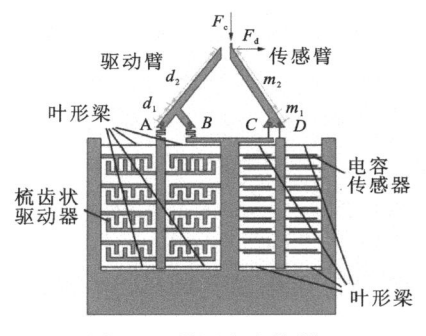

图 1-6 微尺度夹持器

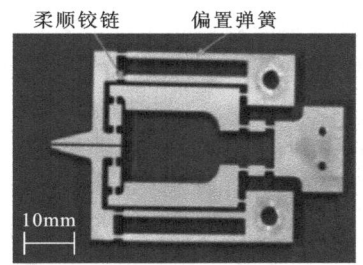

图 1-7 中微尺度夹持器

2. 恒力机构

柔顺机构依靠柔顺构件的变形来实现其功能,因此它可以克服传统刚性机构在摩擦、机构磨损、响应速度、环境兼容性、制造成本、精度等方面的不足。然而相对于传统柔顺机构(CCM),柔顺机构在持续输出过程中,机构刚度会随变形的增加而逐渐变大(图 1-8)。柔顺恒力机构(CCFM)则是利用其大变形过程中结构的屈曲耦合效应,使机构驱动到一定位置时,整体刚度逐渐趋近于零。此时,继续增加输入位移,输出力基本不会改变;而当加载超过一定界限之后,机构的刚度才会开始增加,输出力也逐渐变大。这一段机构整体刚度为零的区间被称为恒力区间。恒力区间的长度及恒力值的稳定性是恒力机构的两个主要性能指标。

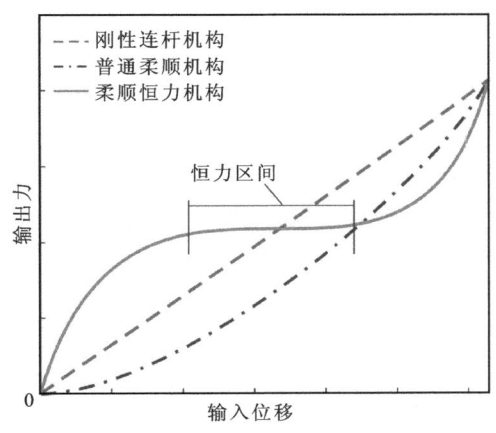

图 1-8 刚性连杆机构、普通柔顺机构、柔顺恒力机构的位移-力曲线图

传统恒力机构按照结构类型主要可分为曲梁型恒力机构和刚度组合型恒力机构。曲梁型恒力机构的工作原理是通过设计刚度接近于零的异形梁直接产生恒力输出,具体研究方法一般为先利用分布式形状优化法建立目标方程,然后逐渐确定曲梁的形状。例如,Lan 等(2010)利用该方法,设计了一款可应用于机器人末端执行器的柔顺恒力机构。Pham 和 Wang(2011)利用类似的方法,重点考虑恒力机构过载保护的问题,以曲梁为结构基础,构建了一款两级柔顺恒力机构。Wang 和 Lan(2014)则是通过构造折线形的曲梁,建立了一款主动型柔顺恒力微夹持器(图 1-9)。相较于曲梁型设计,刚度组合型的设计更简单,其工作原理是通过组合正刚度机构和负刚度机构来实现机构的零刚度(图 1-10)。正刚度机构是指结构的作用力与变形成正比,通常由遵循胡克定律的弹性构件产生,如薄梁和平行四边形机构;负刚度机构则是指结构的作用力与变形成反比,通常由双稳态梁的屈曲效应产生。刚度组合型恒力机构普遍采用的结构为直梁与斜直梁的组合。例如,Liu 等(2016)基于刚度组合的理论,使用斜梁和直梁设计了 3 款压电驱动的柔顺恒力微夹具。Wang 和 Xu(2017)使用相同的结构,构建了一种大行程二自由度的柔顺恒力精密定位平台。Ye 等(2021)考虑到基于直梁和斜直梁组合的恒力机构具有有限恒力区间,缺乏适应夹持不同尺寸物品的能力,进一步综合刚度组合的设计方法,开发了一个两级恒力微夹持器。还有许多国内外学者致力于相关研究,其进展可参考相关文献,这里不再赘述。

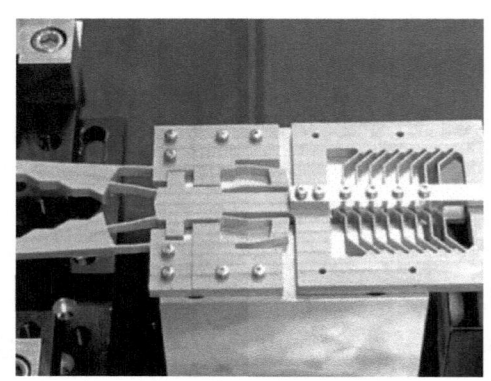

图 1-9 曲梁型恒力微夹持器

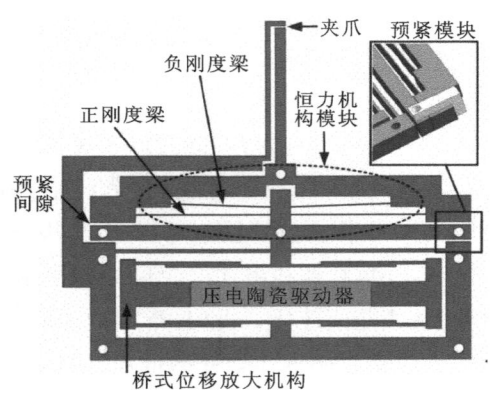

图 1-10 刚度组合型恒力微夹持器

传统恒力机构在微操作过载保护的研究中已取得一定进展。但分析上述文献中平台的特性可知,单一恒力机构具有固定的输出力和有限的恒力区间,因此仅通过机构设计能提升的平台整体性能是相对有限的。实现过载保护并提升恒力机构兼容性更有效的方法是可调恒力机构设计。例如,Chen 和 Lan(2012)首先通过使用多种梁型结合的方法优化了恒力机构的输出,然后通过步进电机来实现恒力机构预紧,最终实现了单个恒力机构的可调恒力输出。Lan 和 Wang(2011)同样利用线性电机设计了一款用于可手术夹钳的曲梁型恒扭矩机构,但该机构并未改变恒扭矩机构的初始状态,而是通过电机调节输出杠杆的长度实现对输出力的调节。鉴于依靠电机实现恒力输出可调的平台的结构复杂和单向调节的特性,Hao 等(2017)提出利用微分头实现对刚度组合式恒力机构的手动预紧调节,进而设计了一种双向可调的柔顺恒力微夹具。然而,这些文献中提出的机构都具有预紧机构庞大的缺陷,较难适配到柔顺微夹持器系统中。

总而言之，相比于基于刚度组合的恒力机构，基于曲梁的恒力机构具有更好的恒力输出性能。刚度组合的设计方法能极大地简化恒力机构设计过程；可调恒力机构相对于传统恒力机构具有能明显提升单一机构兼容性的优势，但目前基于相关课题有效结合的研究比较匮乏，尚待深入研究。

1.3 本章小结

柔顺机构是一种利用构件自身的弹性变形来完成运动和力的传递及转换的新型机构。它具有无间隙、无摩擦、轻量化设计等优点，在微机电系统、生物医疗设备、超精密定位等领域有着广泛的应用前景。随着技术的不断进步，柔顺机构的设计和应用会得到进一步的扩展，为人类社会带来更多的便利和效益。

主要参考文献

董飞,许勇,王艳,等,2022.新型变厚度柔顺铰链的设计与研究[J].机械科学与技术,41(8):1163-1168.

黄兴山,卢清华,何琼,2017.新型直圆柔顺铰链的设计与分析[J].机电工程技术,46(11):1-4.

贾晓辉,刘今越,2017.单自由度柔顺微定位平台的设计与分析[J].机械设计,34(10):33-37.

卢倩,黄卫清,王寅,等,2015.深切口椭圆柔顺铰链优化设计[J].光学精密工程,23(1):206-215.

卢清华,亢诗迪,陈为林,等,2022.基于柔顺铰链拓扑优化的桥式位移放大机构设计、分析与实验测试[J].机械工程学报,58(11):57-71.

王念峰,张志远,张宪民,等,2018.三种两自由度柔顺精密定位平台的性能对比与分析[J].机械工程学报,54(13):102-109.

张宪民,胡凯,王念峰,等,2016.基于并行策略的多材料柔顺机构多目标拓扑优化[J].机械工程学报,52(19):1-8.

AHUETT-GARZA H, CHAIDES O, GARCIA P N, et al., 2014. Studies about the use of semicircular beams as hinges in large deflection planar compliant mechanisms[J]. Precision Engineering,38(4):711-727.

AI W, XU Q, 2014. New structural design of a compliant gripper based on the scott-russell mechanism[J]. International Journal of Advanced Robotic Systems,11(12):192.

AL-JODAH A, SHIRINZADEH B, GHAFARIAN M, et al., 2020. Development and control of a large range XYθ micropositioning stage[J]. Mechatronics,66:102343.

AMEND J R, BROWN E, RODENBERY N, et al., 2012. A positive pressure universal gripper based on the jamming of granular material[J]. IEEE transactions on robotics,28(2):341-350.

BHARGAV S D, JORAPUR N, ANANTHASURESH G K, 2015. Micro-scale composite compliant mechanisms for evaluating the bulk stiffness of MCF-7 cells[J]. Mechanism and Machine Theory, 91: 258-268.

BROWN E, RODENBERG N, AMEND J, et al., 2010. Universal robotic gripper based on the jamming of granular material[J]. Proceedings of the National Academy of Sciences, 107(44): 18809-18814.

CAI K, TIAN Y, WANG F, et al., 2017. Design and control of a 6-degree-of-freedom precision positioning system[J]. Robotics and Computer-Integrated Manufacturing, 44: 77-96.

CHANG H, ZHAO H, YE F, et al., 2014. A rotary comb-actuated microgripper with a large displacement range[J]. Microsystem Technologies, 20(1): 119-126.

CHOI S B, HAN S S, LEE Y S, 2005. Fine motion control of a moving stage using a piezoactuator associated with a displacement amplifier[J]. Smart Materials and Structures, 14(1): 222-230.

CLAYTON G M, DUDLEY C J, LEANG K K, 2014. Range-based control of dual-stage nanopositioningsystems[J]. Review of Scientific Instruments, 85(4): 45003.

DAS T K, SHIRINZADEH B, GHAFARIAN M, et al., 2020. Design, analysis, and experimental investigation of a single-stage and low parasitic motion piezoelectric actuated microgripper[J]. Smart Materials and Structures, 29(4): 45028.

DORIA M, BIRGLEN L, 2009. Design of an underactuated compliant gripper for surgery using nitinol[J]. Journal of Medical Devices, 3(1): 011117.

GAO P, SWEI S, YUAN Z, 1999. A new piezodriven precision micropositioning stage utilizing flexure hinges[J]. Nanotechnology, 10(4): 394-398.

GHOSH A, CORVES B, 2015. Introduction to micromechanisms and microactuators [M]. Delli: Springer India.

GUAN C, ZHU Y, 2010. An electrothermal microactuator with Z-shaped beams[J]. Journal of Micromechanics and Microengineering, 20(8): 085014.

HOWELL L L, 2013. Compliant mechanisms[C]//21st Century Kinematics: The 2012 NSF Workshop. London: Springer London: 189-216.

KRISHNAN S, SAGGERE L, 2012. Design and development of a novel micro-clasp gripper for micromanipulation of complex-shaped objects[J]. Sensors and Actuators A: Physical, 176: 110-123.

LI Y, XU Q, 2011. A totally decoupled piezo-driven XYZ flexure parallel micropositioning stage for micro/nanomanipulation[J]. IEEE Transactions on Automation Science and Engineering, 8(2): 265-279.

LIN C, ZHENG S, LI P, et al., 2021. Kinetostatic analysis of 6-DOF compliant platform with a multi-stage condensed modeling method[J]. Microsystem Technologies, 27(5): 2153-2166.

LIU C H, HUANG G F, CHIU C H, et al., 2018. Topology synthesis and optimal design of an adaptive compliant gripper to maximize output displacement[J]. Journal of Intelligent & Robotic Systems, 90(3-4):287-304.

LIU Y, ZHANG T, XU Q, 2016. Design and control of a novel compliant constant-force gripper based on buckled fixed-guided beams[J]. IEEE/ASME Transactions on Mechatronics, 22(1):476-486.

MADHAB G B, KUMAR C S, MISHRA P K, 2010. Modelling and control of a bio-inspired microgripper[J]. International Journal of Manufacturing Technology and Management, 21(1-2):160-175.

MALUF N, 2002. An introduction to microelectromechanical systems engineering[J]. Measurement Science and Technology, 13(2):229.

NAH S K, ZHONG Z W, 2007. A microgripper using piezoelectric actuation for micro-object manipulation[J]. Sensors and Actuators A: Physical, 133(1):218-224.

NIKOOBIN A, NIAKI, M H, 2012. Deriving and analyzing the effective parameters in microgrippers performance[J]. Scientia Iranica, 19(6):1554-1563.

PAROS J M, WEISBORD L, 1965. How to design flexure hinges[J]. Machine Design, 37:151-156.

PETKOVIĆ D, DPAVLOVIĆ N, SHAMSHIRBAND S, et al., 2013. Development of a new type of passively adaptive compliant gripper[J]. Industrial Robot: An International Journal, 40(6):610-623.

PHAM H T, WANG D A, 2011. A constant-force bistable mechanism for force regulation and overload protection[J]. Mechanism and Machine Theory, 46(7):899-909.

PINSKIER J, SHIRINZADEH B, CLARK L, et al., 2016. Design, development and analysis of a haptic-enabled modular flexure-based manipulator[J]. Mechatronics, 40:156-166.

PIRIYANONT B, MOHEIMANI S O R, 2014. MEMS rotary microgripper with integrated electrothermal force sensor[J]. Journal of Microelectromechanical Systems, 23(6):1249-1251.

REDDY A N, MAHESHWARI N, SAHU D K, et al., 2010. Miniature compliant grippers with vision-based force sensing[J]. IEEE Transactions on Robotics, 26(5):867-877.

SP B, BHARANIDARAN R, 2020. Design and testing of a compliant mechanism-based XYθ stage for micro/nanopositioning[J]. Australian Journal of Mechanical Engineering, 20(4):1185-1194.

TIAN Y, HUO Z, WANG F, et al., 2022. A novel friction-actuated 2-DOF high precision positioning stage with hybrid decoupling structure[J]. Mechanism and Machine Theory, 167:104511.

TIAN Y, SHIRINZADEH B, ZHANG D, 2010. Closed-form compliance equations of filleted V-shaped flexure hinges for compliant mechanism design[J]. Precision Engineering, 34(3):408-418.

TSAI Y, LEI S H, SUDIN H, 2005. Design and analysis of planar compliant microgripper based on kinematic approach[J]. Journal of Micromechanics and Microengineering, 15(1):143-156.

VALENTINI P P, PENNESTRÌ E, 2017. Second-order approximation pseudo-rigid model of leaf flexure hinge[J]. Mechanism and Machine Theory, 116:352-359.

WAN S, XU Q, 2016. Design and analysis of a new compliant XY micropositioning stage based on roberts mechanism[J]. Mechanism and Machine Theory, 95:125-139.

WANG F, SHI B, TIAN Y, et al., 2019. Design of a novel dual-axis micromanipulator with an asymmetric compliant structure[J]. IEEE/ASME Transactions on Mechatronics, 24(2):656-665.

WANG J, LAN C, 2014. A constant-force compliant gripper for handling objects of various sizes[J]. Journal of Mechanical Design, 136(7):071008.

WANG N, ZHANG Z, ZHANG X, et al., 2018. Optimization of a 2-DOF micropositioning stage using corrugated flexure units[J]. Mechanism and Machine Theory, 121:683-696.

WANG P, XU Q, 2017. Design of a flexure-based constant-force XY precision positioning stage[J]. Mechanism and Machine Theory, 108:1-13.

WANG P, XU Q, 2018. Design and modeling of constant-force mechanisms: a survey[J]. Mechanism and Machine Theory, 119:1-21.

WANG R, WU H, WANG H, et al., 2020. Design and stiffness modeling of a four-degree-of-freedom nanopositioning stage based on six-branched-chain compliant parallel mechanisms[J]. Review of Scientific Instruments, 91(6):65002.

WU Z, XU Q, 2018. Survey on recent designs of compliant micro-/nano-positioning stages[J]. Actuators, 7(1):5.

XU Q, 2014. A novel compliant micropositioning stage with dual ranges and resolutions[J]. Sensors and Actuators A: Physical, 205:6-14.

XU Q, 2015. Design, fabrication, and testing of an MEMS microgripper with dual-axis force sensor[J]. IEEE Sensors Journal, 15(10):6017-6026.

YANG S, XU Q, NAN Z, 2017. Design and development of a dual-axis force sensing MEMS microgripper[J]. Journal of Mechanisms and Robotics, 9(6):161011.

YE T, LING J, KANG X, et al., 2021. A novel two-stage constant force compliant microgripper[J]. Journal of Mechanical Design, 143(5):053302.

ZUBIR M N M, SHIRINZADEH B, 2009. Development of a high precision flexure-based microgripper[J]. Precision Engineering, 33(4):362-370.

第 2 章　一种针对直梁和圆梁的通用型的 PPRR 伪刚体模型

2.1　引　言

为了模拟柔顺机构中直梁元件的非线性运动，Howell 等（1994,1995,1996）提出了 PRB 1R 模型，该模型使用由扭转弹簧和销钉连接的两个刚性杆。与其他分析柔顺梁的方法相比，PRB 模型法具有结构简单、求解速度快的优点。然而，1R 模型具有一定的局限性，如在更大范围内模拟精度下降和无法直接模拟光束的尖端角度等。为了获得更高的性能，人们在 PRB 1R 模型的基础上开发了许多模型。这些方法包括增加伪刚性杆的数量、使用可移动元件，以及修改 PRB 模型的形状，如图 2-1 所示。

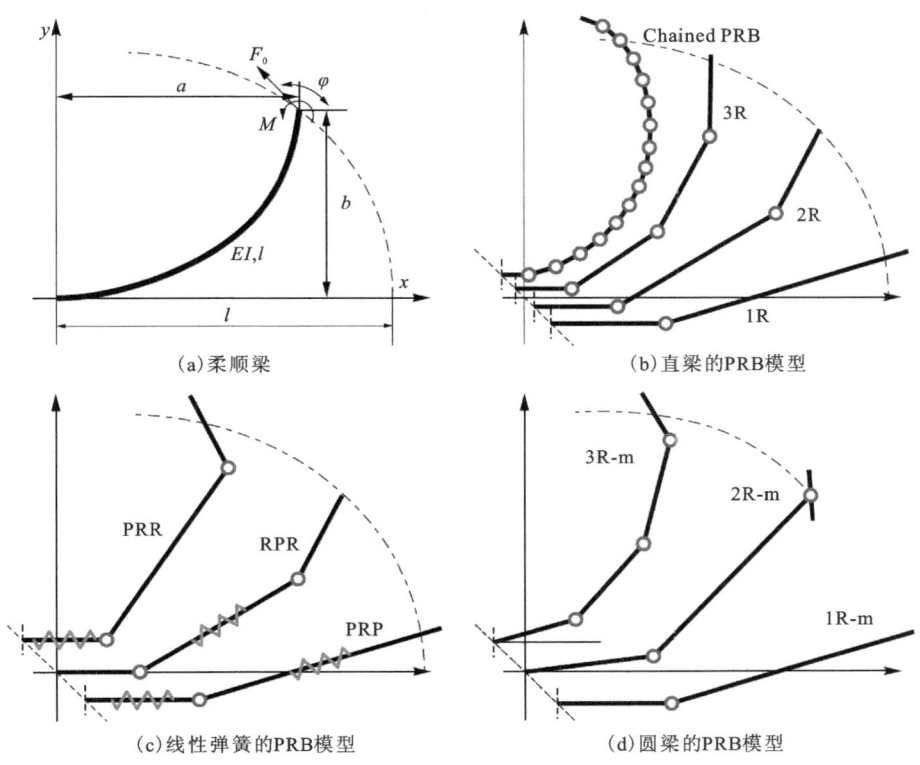

图 2-1　一般柔顺梁和代表性的 PRB 模型

由于经典 1R 模型的参数很容易受到载荷条件的影响，Su(2009)通过总结 PRB 模型参数与尖端载荷之间的关系，建立了与载荷无关的 3R 模型。Yu 等(2012)结合上述两种模型，建立了 PRB 2R 模型，其精度高于经典 1R 模型，迭代过程少于 3R 模型。考虑到直梁挠曲过程中的拐点，Zhu 和 Yu(2017)以及 Yu 和 Zhu(2017)分别提出了 PRB RRHR/RHRR 和 5R 模型，并在梁尖和挠曲点仿真中取得了良好的效果。Valentini 和 Pennestrí(2017)以及 Valentini 等(2019)从研究叶梁连接的两个体之间相对运动的二阶运动学不变量出发，构想了一种由两个纯滚动接触圆组成的 PRB 模型，适用于厚度恒定和厚度抛物线可变的叶形梁。Verotti(2020)重点研究了与自由端截面所承担的姿势相关的位移极点，获得了一个基于载荷的一自由度 PRB 模型，用于解决自由端截面旋转和平移情况下的建模问题。Saggere 和 Kota(2001)通过将梁分解为由扭转弹簧连接的 N 段($N \geqslant 3$)，提出了链式伪刚体模型，并实现了对梁尖及其形状的模拟。该模型针对具有不同形状(Ma and Chen,2016)和接触辅助条件(Jin et al.,2020)的梁进行了改进。柔顺直梁在挠曲过程中会产生一定量的弹性变形，这在大多数分析案例中都被忽略，但最好将其考虑在内。在 PRB 模型中加入线性弹簧，可有效模拟梁的变形，提高模型的精度，并且这种做法已得到广泛应用(Saxena and Kramer,1998;Venkiteswaran and Su,2016a;Vogtmann et al.,2013;Yu et al.,2016)。在之前提到的文献中，有些研究者直接使用带弹簧的棱柱对来替代这些模型中的伪刚杆，虽然这样更容易理解，但第一根杆上的棱柱对限制了模型的部分载荷条件；此外，第二根杆上的棱柱对会同时产生两个方向的位移，使其耦合，不便进行精确模拟。

伪刚体模型同样可以作为直梁非线性动态分析的理想工具，并且已经取得了大量进展(Yu et al.,2018;Yu et al.,2019;Allison,2019)。众所周知，自由度越高的 PRB 模型一般误差越小，兼容性越好，但是自由度的增加必然会导致计算成本的增加。此外，当模型的总自由度超过 4 个时，模拟误差并不会明显减小(Venkiteswaran and Su,2015)。

圆梁在柔顺机构中具有巨大的应用潜力(Roach and Houell,2002;Qiu et al.,2004;Lu and Kota,2005;Cappelleri et al.,2011;Wang et al.,2018)，但现有模型大多侧重于直梁，在分析圆梁挠度时会很快失去精度。Howell 等(2013)根据圆梁的初始曲率逐步减少伪刚性杆的总长度，从而提高了精度。在此基础上，Venkiteswaran 和 Su(2016b,2017)总结了圆梁的变化特征，并通过改变 PRB 模型第一根杆的倾斜度进一步减小了误差。然而，这些研究并未考虑梁的弹性变形，而且由于未知参数较多，使用修改 PRB 模型形状的方法存在较大困难。此外，这种方法得出的圆梁模型与直梁模型有很大不同。

为了解决这些问题，本章节所做的研究工作有 3 个主要动机。第一，通常假设具有较高自由度的 PRB 模型在仿真中更准确。由于柔顺机构中柔顺件的变形是有限的，且柔顺件的变形主要集中在梁的顶端，因此在模拟一般梁时，使用具有两个转动副的 PRB 模型就足够了。第二，在平面梁的弯曲过程中会产生一段弹性变形，并最终反馈到梁端轴向和切向位置的变化上，所以在模拟变形时最好是独立的和直接的。第三，直梁只是初始曲率为零的圆梁的特例。因此，所开发的模型应能将两种梁紧密结合在一起，而无需任何额外的未知数。

针对柔顺机构中的直梁和圆梁，笔者建立了带有两个相互垂直线性弹簧的 PRB PPRR 模型。首先通过伯努利方程给出了曲率恒定的柔顺梁的基本方程，并推导出了复合载荷作用下的梁端挠度的计算公式。其次通过对公式进行排序并合理调整粒子群算法的求解路径,可获得特征参数的最优值。再次通过与 PRB 2R、3R 和 RRHR 模型进行比较,评估了 PRB PPRR 模型的精度。最后通过在两个数值实例中与有限元分析结果进一步比较,进一步证明了所提模型的有效性。

2.2 柔顺梁的 PPRR 模型建模

2.2.1 梁的方程

伯努利方程被用于描述平面梁的理论偏转。对于一根长度为 L,恒定曲率为 k_0,曲率半径为 R 的梁,它的横截面是均匀的,惯性矩为 I,弹性模量为 E。梁的一端固定,另一端受到水平角为 φ 的力 F 和力矩 M 的作用。这里定义逆时针方向的力矩为正力矩。假设 s 是横梁上的一点,x 和 y 分别是 s 的横坐标和纵坐标。该点的倾角为 θ,θ_0 对应于梁尖端。s 的力矩被定义为

$$M_s = (a-x)F\sin\varphi - (b-y)F\cos\varphi + M \tag{2-1}$$

其中,x 和 y 是自由梁末端的坐标。那么梁尖端的倾角为

$$\theta_0 = \int_0^L k = \int_0^L \frac{\mathrm{d}\theta}{\mathrm{d}s} = \int_0^L \left(\frac{M_s}{EI} + k_0\right) \tag{2-2}$$

将 k 与 s 进行微分,得出

$$\frac{\mathrm{d}k}{\mathrm{d}x} = \frac{\mathrm{d}}{\mathrm{d}s}\left(\frac{\mathrm{d}\theta}{\mathrm{d}s}\right) = \frac{\mathrm{d}}{\mathrm{d}\theta}\left(\frac{\mathrm{d}\theta}{\mathrm{d}s}\right)\frac{\mathrm{d}\theta}{\mathrm{d}s} = \frac{\mathrm{d}k}{\mathrm{d}\theta}k = \frac{\mathrm{d}}{\mathrm{d}\theta}\left(\frac{k^2}{2}\right) \tag{2-3}$$

当 $\theta = \theta_0$ 时,考虑边界条件 $k = M/EI + k_0$,其中 $\mathrm{d}x/\mathrm{d}s = \cos\theta$,$\mathrm{d}y/\mathrm{d}s = \sin\theta$。将式(2-1)带入式(2-3)中求解,可得

$$k = \sqrt{2\frac{F}{EI}[\cos(\theta_0 - \varphi) - \cos(\theta - \varphi)] + \left(\frac{M}{EI} + k_0\right)^2} \tag{2-4}$$

将式(2-4)写成无量纲形式,则

$$k = \sqrt{2\frac{\alpha}{L^2}[\lambda - \cos(\theta - \varphi)] + \left(\frac{\beta}{L} + k_0\right)^2} \tag{2-5}$$

其中

$$\alpha = \frac{FL^2}{EI},\text{表示力指数};\beta = \frac{ML}{EI},\text{表示力矩指数};\lambda = \cos(\theta_0 - \varphi)。 \tag{2-6}$$

同样,利用链微分法则,曲率 k 可以写成

$$k = \frac{\mathrm{d}\theta}{\mathrm{d}s} = \frac{\mathrm{d}\theta}{\mathrm{d}x}\frac{\mathrm{d}x}{\mathrm{d}s} = \frac{\mathrm{d}\theta}{\mathrm{d}x}\cos\theta \tag{2-7}$$

通过积分变量的分离和积分,计算出横梁的水平坐标为

$$\frac{a_0}{L} = \frac{1}{L}\int_0^{\theta_0} \frac{\cos\theta}{\sqrt{2\frac{\alpha}{L^2}[\lambda - \cos(\theta - \varphi)] + \left(\frac{\beta}{L} + k_0\right)^2}}\mathrm{d}\theta \tag{2-8}$$

同样,梁端纵坐标的计算公式为

$$\frac{b_0}{L} = \frac{1}{L}\int_0^{\theta_0} \frac{\sin\theta}{\sqrt{2\dfrac{\alpha}{L^2}[\lambda - \cos(\theta - \varphi)] + \left(\dfrac{\beta}{L} + k_0\right)^2}} d\theta \qquad (2\text{-}9)$$

根据式(2-2)、式(2-8)和式(2-9)可以求解梁端的轨迹,并且可知轨迹的形状主要与3个载荷参数(F、φ、M)以及与梁的初始曲率 k_0 有关。

2.2.2 PPRR 模型的推导

柔顺梁的 PPRR 模型如图 2-2 所示,它的 3 根刚性杆,由 2 个扭转弹簧和 1 个销钉连接。模型的一端固定在两个相互垂直的定向支架上,这两个支架的移动分别受到两个线性弹簧的约束。两个扭转弹簧用于模拟梁的弯曲,两个线性弹簧用于模拟梁的弹性变形并进行位移补偿。

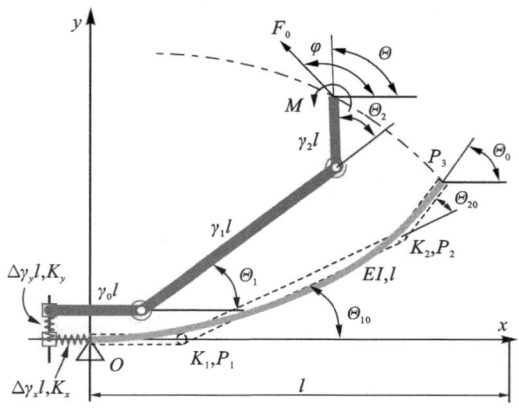

图 2-2 柔顺梁的 PRB PPRR 模型

每根刚性杆的长度为 $\gamma_i l (i=0,1,2)$,且满足 $\gamma_0 + \gamma_1 + \gamma_2 = 1$。两个扭转弹簧的刚度定义为 k_1, k_2,两个线性弹簧的刚度定义为 k_x, k_y。请注意,弹簧刚度并非无量纲量。为使计算结果直观,将弹簧刚度以下列形式表示。

$$k_i = \frac{EI}{L} K_i (i=1,2); \quad k_j = \frac{EI}{L^3} K_j (j=x,y) \qquad (2\text{-}10)$$

假设 $\Delta\gamma_x$ 和 $\Delta\gamma_y$ 分别是水平支撑和垂直支撑的位移,因此,PRB 模型的末端坐标可写成

$$\begin{aligned} a/L &= \Delta\gamma_x + \gamma_0 + \gamma_1\cos\Theta_1 + \gamma_2\cos\Theta \\ b/L &= \Delta\gamma_y + \gamma_1\sin\Theta_1 + \gamma_2\sin\Theta \\ \Theta &= \Theta_1 + \Theta_2 \end{aligned} \qquad (2\text{-}11)$$

变量(Θ_1、Θ_2、γ_x 和 γ_y)与荷载之间的静力关系总结为

$$\begin{bmatrix} k_1(\Theta_1 - \Theta_{10}) \\ k_2(\Theta_2 - \Theta_{20}) \\ k_x \Delta\gamma_x L \\ k_y \Delta\gamma_y L \end{bmatrix} = [\boldsymbol{J}^{\mathrm{T}}] \begin{bmatrix} FL \\ M \\ F\cos\varphi \\ F\sin\varphi \end{bmatrix} \qquad (2\text{-}12)$$

其中与参数相关的雅可比矩阵定义为

$$[\boldsymbol{J}^{\mathrm{T}}] = \begin{bmatrix} \gamma_1 \sin(\varphi - \Theta_1) + \gamma_2 \sin(\varphi - \Theta) & 1 & 0 & 0 \\ \gamma_2 \sin(\varphi - \Theta) & 1 & 0 & 0 \\ 0 & 0 & 1 & 0 \\ 0 & 0 & 0 & 1 \end{bmatrix} \quad (2\text{-}13)$$

在模型基本参数确定的前提下,根据式(2-11)~式(2-13)可以快速得出 PRB 模型在一定荷载条件下的挠度。为方便起见,下文中将使用载荷指数 $k = \alpha/\beta$ 来表示梁的荷载,初始曲率 k_0 将以 $L=1$ 的度量来计算。

2.2.3 PRBM 参数的确定

PRB PPRR 模型由与力的角度 φ、载荷指数 k 和梁的形状 k_0 有关的 6 个参数决定。为了获得合成模型参数,必须在排除荷载因素的同时确保模型具有较高的精度。

模型的精度将由 e 的平均数值误差来描述,写为

$$e = \frac{1}{N} \sum_{p=1}^{N} \left(|\Theta - \theta_0| + \frac{|a - a_0| + |b - b_0|}{L} \right) \quad (2\text{-}14)$$

式(2-14)中的所有值都是在相同负载的情况下计算得出的。

利用粒子群优化算法,在满足以下条件的情况下,可以确定模型的最优参数。在 $\gamma_0 \in (0, 0.5], \gamma_2 \in (0, 0.5], k_1 \in (0, 10], k_2 \in (0, 10], k_x \in (0, 1000], k_y \in (0, 1000]$ 的情况下以及 $N=13 \times 8 \times 7 \times 10$ 且载荷均匀分布在 $k_0 \in [0, \pi], k \in [0, \infty], \varphi \in [0, \pi]$ 的范围内,使 e 最小。

将 k_x 和 k_y 的上限设定为 1000,这代表在压缩求解空间时线性弹簧可视为不可变形部分的最小值。从式(2-12)和式(2-13)中可以发现,这两个参数与其他参数关系不大。这就使得将所有载荷情况直接导入优化求解器时,很难获得最佳的收敛结果,因此需要重新调整求解路径。在提出新路径之前,有两条已知规则值得注意:①力的倾斜度 φ 只在很小的范围内影响 PRB 模型的参数(Saxena and Kramer,1998);②当载荷指数 k 在其取值范围的两端取极值时,PRB 模型的参数差异最大(Su,2009)。

首先假设这两条规则在 PRB PPRR 模型中同样有效。然后将 $k=0$ 和 $k=\infty$ 的荷载情况导入求解器,就可以得到 k_0 选定值的相应梁形状下的模型参数。不过,在导入之前需要固定力荷载的角度。由图 2-2 所示模型可知,当初始力的角度为水平或垂直时,模型中的一根线性弹簧无法产生位移,导致模型的性能无法充分发挥。因此,在求解力载荷初始角度的实验中,忽略了 $\varphi=0$、$\varphi=\pi/2$ 和 $\varphi=\pi$ 的情况。

结果如图 2-3 所示。可以看出,在大多数情况下,模型的误差与梁的曲率成正比,并保持在一个较低的值,这说明所提出的模型在模拟柔顺梁的挠度时始终具有较高的精度,而且上述两条规则在所提出的模型中仍然适用。在 k_0 前一部分,除 $\varphi=5\pi/6$ 的情况下误差较大,其他情况下的误差大致相同;但在 k_0 后一部分,$\varphi=\pi/3$ 的情况下误差增长最慢。

综上所述,为确保结果的规律性,在选定的 k_0 条件下,将 $k=0$、$\varphi=\pi/3$ 和 $k=\infty$ 的载荷情况代入求解器,计算其特征参数。

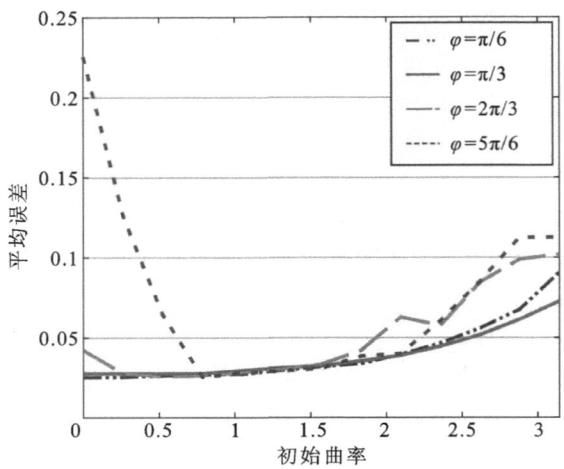

图 2-3 不同力载荷倾角时模型的平均数值误差

2.2.4 结果

表 2-1 列出了初始曲率在 $0\sim\pi$ 之间的 PPRR 模型的粒子群算法最优值。通过线性拟合函数,将模型的 6 个优化参数显示在图 2-4 中,可以发现,所有参数都与 k_0 保持着良好的关系。为了减小原始数据的误差,使用四阶多项式对其进行均匀拟合,并表示为

表 2-1 PRB PPRR 参数的最佳值,其中 k_0 在 $0\sim\pi$ 之间

k_0	γ_0	γ_2	k_1	k_2	k_x	k_y	误差
0	0.197 4	0.154 7	1.875 9	2.141 6	166.47	1 000.0	0.024 1
$\pi/12$	0.189 9	0.140 0	1.877 0	2.140 2	146.83	999.99	0.027 4
$\pi/6$	0.189 9	0.140 6	1.886 9	2.127 6	161.24	999.99	0.027 5
$\pi/4$	0.188 7	0.143 3	1.900 7	2.110 3	173.22	1 000.0	0.027 5
$\pi/3$	0.189 8	0.142 9	1.908 9	2.104 2	196.42	792.42	0.029 4
$5\pi/12$	0.188 9	0.146 6	1.925 7	2.082 3	216.84	530.77	0.031 1
$\pi/2$	0.186 8	0.151 9	1.950 6	2.052 2	233.11	414.39	0.032 3
$7\pi/12$	0.186 2	0.155 6	1.961 8	2.039 7	252.66	311.63	0.035 3
$2\pi/3$	0.188 6	0.156 2	2.006 4	1.993 6	259.53	223.86	0.038 8
$3\pi/4$	0.187 3	0.161 6	1.999 7	2.000 2	284.07	172.89	0.044 5
$5\pi/6$	0.186 4	0.167 8	2.016 7	1.970 9	333.44	124.99	0.051 7
$11\pi/12$	0.185 7	0.173 8	2.041 3	1.940 9	343.37	98.857	0.061 4
π	0.180 2	0.185 0	2.022 9	1.951 1	546.75	76.637	0.072 7

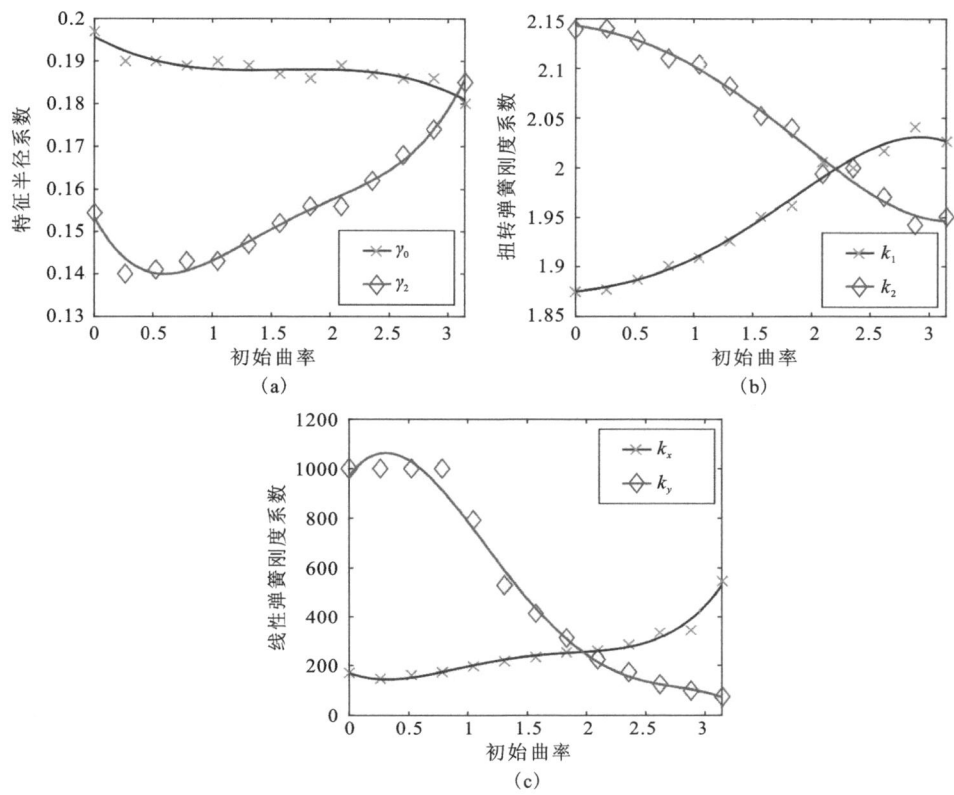

图 2-4 不同初始曲率下特征半径系数(a)、扭转弹簧刚度系数(b)和线性弹簧刚度系数(c)的取值

$$\gamma_0 = -2.919\mathrm{e}^{-5}k_0^4 - 0.001\,895k_0^3 + 0.009\,572k_0^2 - 0.015\,16k_0 + 0.195\,7 \quad (2\text{-}15)$$

$$\gamma_2 = 0.004\,107k_0^4 - 0.027\,6k_0^3 + 0.066\,43k_0^2 - 0.053\,38k_0 + 0.153\,5 \quad (2\text{-}16)$$

$$k_1 = -0.004\,094k_0^4 + 0.013\,09k_0^3 + 0.010\,08k_0^2 + 0.014\,27k_0 + 1.875 \quad (2\text{-}17)$$

$$k_2 = 0.003\,048k_0^4 - 0.008\,453k_0^3 - 0.017\,84k_0^2 - 0.017\,53k_0 + 2.143 \quad (2\text{-}18)$$

$$k_x = 37.8k_0^4 - 210.2k_0^3 + 382.5k_0^2 - 184.6k_0 + 170.5 \quad (2\text{-}19)$$

$$k_y = -68.17k_0^4 + 535k_0^3 - 1309k_0^2 + 660.6k_0 + 969 \quad (2\text{-}20)$$

请注意,当 k_0 的值小于 $\pi/4$ 时,k_x 的值很小,而 k_y 保持在其上限。这表明,当梁的初始曲率较小时,在 x 方向进行位移补偿能更有效地提高模型的精度。这与直梁建模的 PRB PPRR 模型所描述的规律是一致的(Yu et al.,2016)。但是当 $k_0 > \pi/4$ 时,k_x 逐渐增大,而 k_y 急剧下降,这意味着当梁的初始曲率较大时,y 方向的位移补偿对模型精度的影响更大。另外,这两个参数的变化规律也说明了该模型的正确性。

最后,将 PRB PPRR 模型与其他 PRB 模型进行了一系列对比实验(图 2-5),PRB 模型相对于梁方程的位移误差和 $e_d = |a - a_0| + |b - b_0|$,如图 2-6 所示,所选模型的具体参数见表 2-2。数值实验结果证明了 PRB PPRR 模型的有效性和准确性。与 PRB 2R(Venkiteswarn and Su,2016b)和 PRB 3R(Venkiteswarn and Su,2017)模型相比,PRB PPRR 模型在很大范

围内对圆梁具有更高的精度。而与 RRHR 模型(Zhu and Yu,2017)相比,PPRR 模型在模拟直梁挠度时误差更小。此外,图 2-5(c)所示的拟建模型与 PRB PPRR 模型的对比实验结果表明,拟建模型与 RRHR 模型一样,可以精确地模拟带拐点的直梁尖挠度。虽然这种改进并不是很大,但值得注意的是,PPRR 模型的参数数量较少,这将大大提高求解速度。

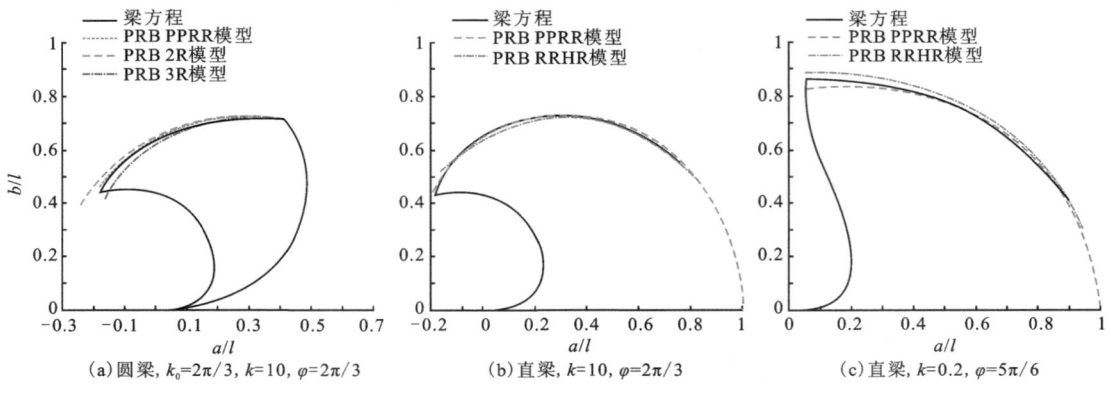

图 2-5　各类伪刚体模型的末端轨迹

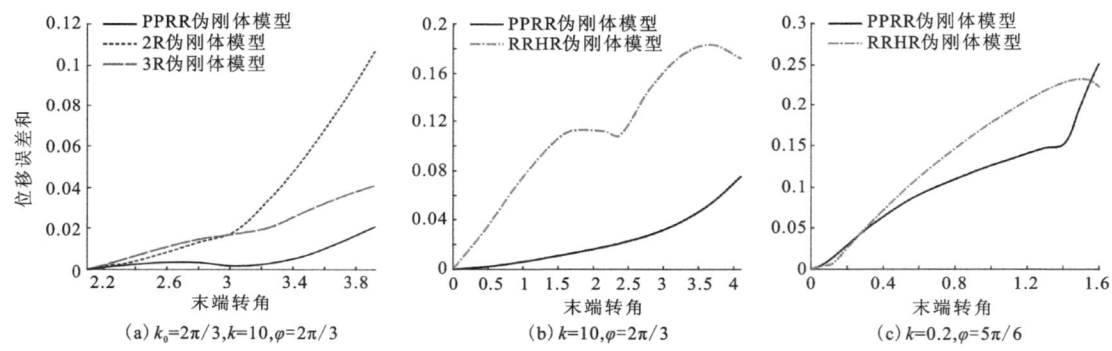

图 2-6　各类伪刚体模型不同参数时相对理论公式的末端位置误差

表 2-2　数值实验中选定的 PRB 模型参数

案例	模型	γ_0	γ_1	γ_2	γ_3	γ_4	k_1	k_2	k_3	K_4
(a)	2R	0.323 3	0.595 7	0	—	—	1.361 6	3.826 8	—	—
(b)	3R	0.123 1	0.368 4	0.368 4	0.123 1	—	3.383 4	2.450 1	3.383 4	—
(c)	RRHR	0.070 070	0.342	0.095	0.313	0.180	4.973	2.745	—	4.183
(d)	RRHR	0.031	0.193	0.312	0.363	0.101	4.883	2.848	—	4.163

2.3 数值示例1:具有圆形梁的单个平行导向机构

由梁构成的铰链通常用作柔顺机构的主要变形部件。由于直梁铰链的几何限制,它们只能实现较小的位移,而且很容易限制机构的形状。圆形梁可以在有限空间内提供较长的梁段,从而降低结构刚度并提供更大的变形。而且圆形梁的限制较小,可以为机构设计提供更多的可行性。本书下一步的工作将全部围绕圆形梁进行。

平行导向机构是柔顺定位平台设计中的一个常用元件,与机构的最终性能密切相关。如图 2-7 所示,笔者设计了一个具有 4 个 1/4 圆弧形梁的单平行导向机构。刚性部件 A_1A_2 和 B_1B_2 分别作为固定支撑和移动平台。它们由两根弧形梁连接,每根弧形梁由两段 1/4 圆形梁组成。

实体部分的长度和宽度分别为 70mm 和 12mm。A_1A_2 的长度为 30mm。圆形梁的参数为:厚度 $t=1$mm,宽度 $w=8$mm,中性轴半径 $R=10$mm。该模型的材料选用合金钢,其参数设定为:质量密度 $\rho=7850$kg/m³,杨氏模量 $E=2.06\times10^{11}$Pa,泊松比为 0.29。垂直力 F 施加在刚性部分 A_1A_2 的上表面。

横梁 $A_iB_i(i=1,2)$ 在 F 的作用下发生偏转时,由于 A_i 和 B_i 固定在刚性部分上,不会发生角变形,这种状态等同于梁的两端受到大小相同但方向相反的力矩作用。由于弧形梁 A_iB_i 的均匀性和中心对称性,中心点 O_i 处的力矩总和总是为零,使得点 O_i 在偏转过程中只受力荷载的影响。因此,与该机构相对应的 PRB PPRR 模型最好设计为两部分相互面连接的形式,如图 2-8 所示。

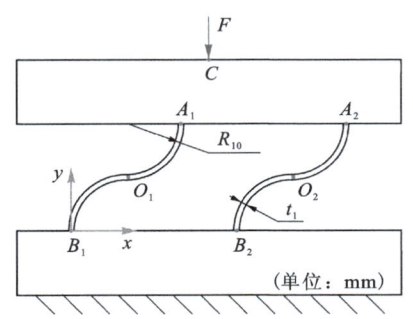

图 2-7 基于圆形梁的平行导向机构

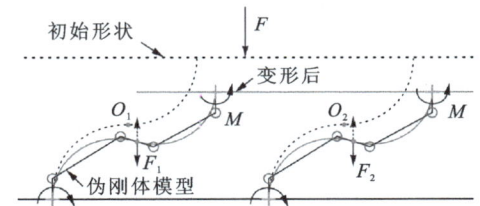

图 2-8 与导向机构对应的 PPRR 伪刚体模型

根据机构的几何关系可以得出:$\mathrm{disp}_O=0.5\times\mathrm{disp}_A$,而 $F_i=0.5\times F$。该模型的负载情况为 $k_0=\pi/2, k=0, \varphi=\pi$,因此根据表 2-1,PRB PPRR 模型的参数选取如下:$\gamma_0=0.1868$,$\gamma_1=0.6613, \gamma_2=0.1519, k_1=1.9506, k_2=2.0522, k_x=233.11, k_y=414.39$。在大挠度分析设置下,利用 ANSYS 软件对该机构进行理论静力学分析。梁 A_iB_i 被自动网格划分为 30 段。在 $F=-40$N 的载荷下,机构的图形结果如图 2-9 所示。利用该模型计算在相同载荷下,A_i 的相对位置误差为误差 $x=0.14\%$ 和误差 $y=0.11\%$,如表 2-3 所示。

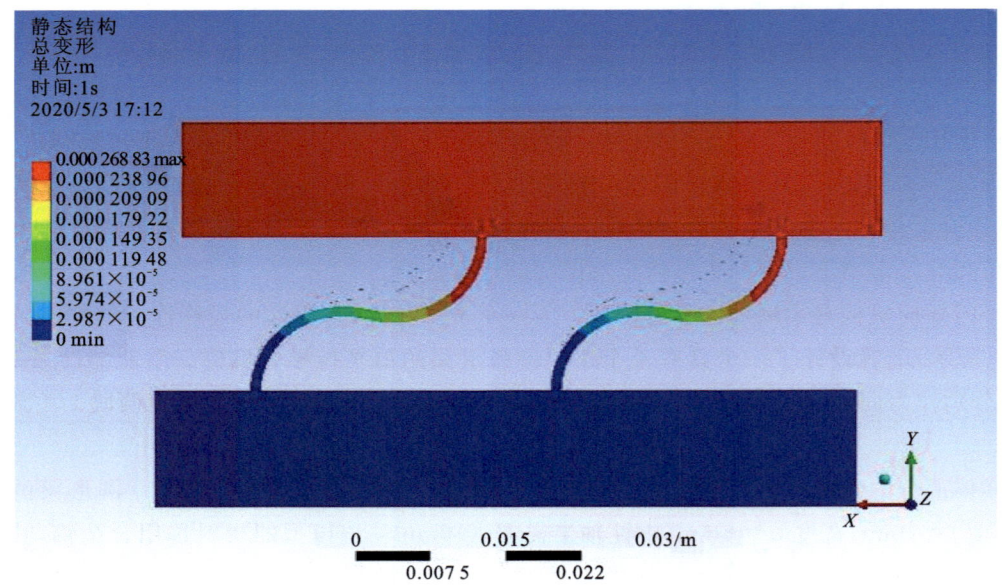

图 2-9 导向机构的有限元分析位移云图

表 2-3 PRB PPRR 模型的模拟误差

案例	k_0	施加力(F)	位置误差	应变能误差
1	$\dfrac{\pi}{2}$	40	0.14%,0.11%	—
2	π	50	0.80%,—	4.79%

2.4 数值示例 2：具有波纹形柔顺单元的柔顺机构

Wang 等(2018)设计了一种基于波纹形柔顺单元的二自由度微定位平台。该机构的刚度和结构参数由刚度矩阵法获得。本节将使用 PRB PPRR 模型对文献中提到的优化 CF 平台的简化模型进行分析，并将分析结果与有限元分析结果进行比较，以验证其有效性。

简化模型如图 2-10 所示。它有 4 个基本波纹形柔顺单元，每个单元由两个半圆形梁组成。梁单元的几何参数为：中轴半径 $R=1\text{mm}$，厚度 $t=0.2\text{mm}$，宽度 $w=8\text{mm}$。该模型的材料选用铝合金，其参数设定为：质量密度 $\rho=2830\text{kg/m}^3$，杨氏模量 $E=7.2\times10^{10}\text{Pa}$，泊松比为 0.33。在静态大挠度分析中，将波纹挠曲梁单元网格划分为 48 段，并在其上部移动平台中部施加垂直力 $F_i=50\text{N}$。有限元分析结果如图 2-11 所示。同

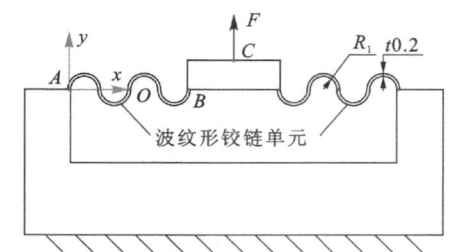

图 2-10 基于波纹形柔顺单元的定位平台的简化模型

样,如上一节所述,可以将波纹梁从中心点分离出来,用串联的 PRB 模型来代替具有连续曲率的梁段。简化的 PRB PPRR 模型如图 2-12 所示,参数为:$\gamma_0 = 0.1802, \gamma_1 = 0.6348, \gamma_2 = 0.1850, k_1 = 2.0229, k_2 = 1.9511, k_x = 546.75, k_y = 76.637$。

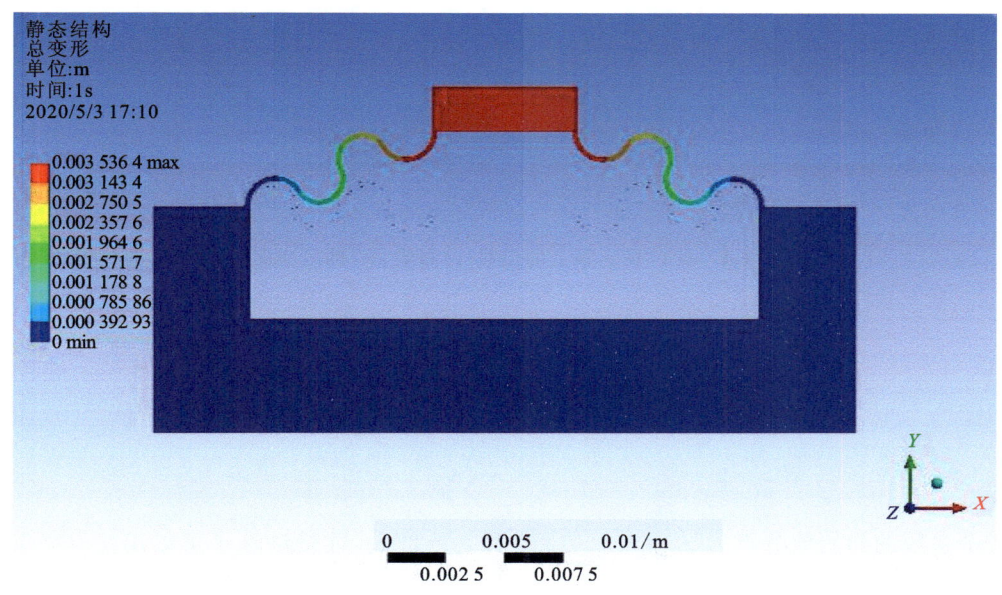

图 2-11 简化机构的有限元分析形变云图

在求解过程中,需要添加额外的力 F_e,以确保 x_0 的值始终是其初始值。因此,求解过程可以转化为一个优化问题,即通过改变 F_e 的值来最小化 $f_x = x_0 - \pi/4$。通过求解,可以得到合力 F,如图 2-13 所示,然后可以计算出尖端坐标和能量,如图 2-14 所示。

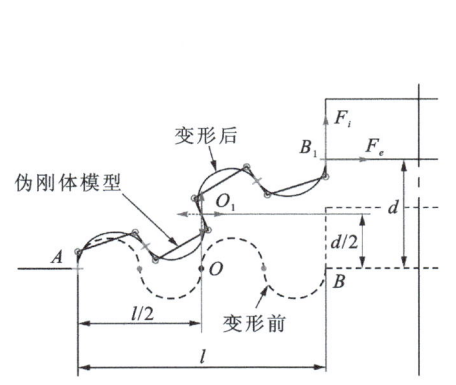

图 2-12 波纹形柔顺单元 PRB PPR 模型

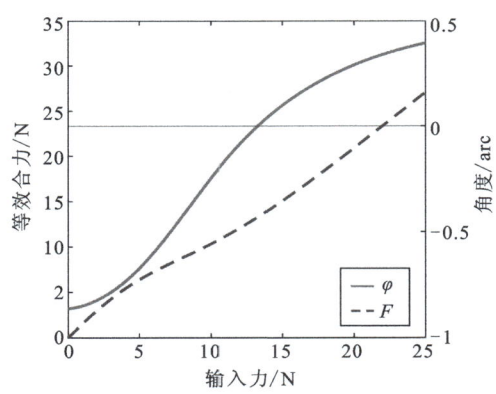

图 2-13 O 点处的合力及其夹角

基于圆梁的固定导梁通过弯曲变形而非弹性变形产生最终位移,这导致中心点 O 和端点 B 的横坐标保持不变。在分析端点 O 的负载时,除了外力 F_i 外,机构还会产生一个力 F_e,以保持 O 的 x 坐标不变。如果将 A 视为固定端、B 视为自由端,那么 O 在载荷作用下的无量纲坐标可简写为

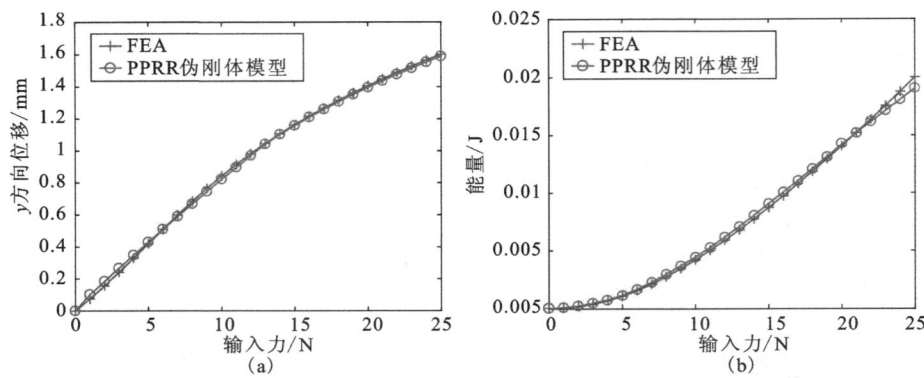

图 2-14　点 O 在 y 轴上的位移(a)和梁 AO 的应变能(b)

$$x_0 = \sum_{j=1}^{2} \Delta \gamma_{xj} + \sum_{i=0}^{2} \sum_{j=1}^{2} \gamma_i \cos\theta_i^j \tag{2-21}$$

$$y_0 = \sum_{j=1}^{2} \Delta \gamma_{yj} + \sum_{i=0}^{2} \sum_{j=1}^{2} \gamma_i \sin\theta_i^j \tag{2-22}$$

$$\theta_0 = \sum_{i=0}^{2} \sum_{j=1}^{2} \theta_i^j \tag{2-23}$$

3个参数的初始值分别为 $x_0 = 4/\pi$、$y_0 = 0$ 和 $\theta_0 = 2/\pi$。能量法除了可以用梁端坐标来描述模型的精度外,还可用于分析模型的静态性能。模型中有4个弹簧可在变形过程中储存能量,因此应变能量公式可概括为

$$E = \sum_{j=1}^{2} (k_x (\Delta \gamma_{xj} l)^2 + k_y (\Delta \gamma_{yj} l)^2 + k_1 \theta_{1j}^2 + k_2 \theta_{2j}^2) \tag{2-24}$$

并且力 F_i 产生的输入能量计算公式为 $W = F \times \mathrm{dis}p_B$。

从图中可以看出,PRB PPRR 模型的结果与有限元分析结果非常接近。在 $F = 50\mathrm{N}$ 的荷载情况下,垂直方向的位移误差为 0.80%,应变能误差为 4.79%,结果如表 2-3 所示。值得注意的是,使用 PRB PPRR 模型可以快速准确地预测机构产生的力。该模型可在精密求解和防止机构应力失效方面发挥积极作用。

2.5　本章小结

本章中建立了可应用于柔顺机构中直梁和圆梁精确建模的通用型 PPRR 伪刚体模型。在模型参数辨识过程中,首先导出了所提出模型的基本表达式,然后通过伯努利方程推导得出了柔顺梁的受载弯曲变形的理论公式,由此建立了模型参数的优化框架,最后使用粒子群算法获得了 PPRR 伪刚体模型在各类载荷状态时的最优参数。为从多角度评估模型的性能,本章首先抽选了 2R、3R 和 RRHR 伪刚体模型进行多模型的对比实验。对比实验的结果表明,PPRR 伪刚体模型比 2R、3R 和 RRHR 模型具有更高的精度。在之后进行的仿真测试实验中,选取了一个平行导向机构和一个波纹形铰链机构进行应用测试,在分析过程中简述了模型的应用和分析方法。仿真实验的结果证明了 PPRR 伪刚体模型具有很好的实用性和模拟精度。

主要参考文献

CAPPELLERI D J, PIAZZA G, KUMAR V, 2011. A two dimensional vision-based force sensor for microrobotic applications[J]. Sensors and Actuators A: Physical, 171(2): 340-351.

HOWELL L L, MAGLEBY S P, OLSEN B M, 2013. Handbook of compliant mechanisms[M]. New York: John Wiley & Sons Incorporated.

HOWELL L L, MIDHA A, 1994. A method for the design of compliant mechanisms with small-length flexural pivots[J]. Journal of Mechanical Design, 116(1): 280-290.

HOWELL L L, MIDHA A, 1995. Parametric deflection approximations for end-loaded, large-deflection beams in compliant mechanisms[J]. Journal of Mechanical Design, 117(1): 156-165.

HOWELL L L, MIDHA A, NORTON T, 1996. Evaluation of equivalent spring stiffness for use in a pseudo-rigid-body model of large-deflection compliant mechanisms[J]. Journal of Mechanical Design, 118(1): 126-131.

JIN M, ZHU B, MO J, et al., 2020. A CPRBM-based method for large-deflection analysis of contact-aided compliant mechanisms considering beam-to-beam contacts[J]. Mechanism and Machine Theory, 145: 103700.

LU K J, KOTA S, 2005. An effective method of synthesizing compliant adaptive structures using load path representation[J]. Journal of Intelligent Material Systems and Structures, 16(4): 307-317.

MA F, CHEN G, 2016. Modeling large planar deflections of flexible beams in compliant mechanisms using chained beam-constraint-model[J]. Journal of Mechanisms and Robotics, 8(2): 021018.

QIU J, LANG J H, SLOCUM A H, 2004. A curved-beam bistable mechanism[J]. Journal of Microelectromechanical Systems, 13(2): 137-146.

ROACH G M, HOWELL L L, 2002. Evaluation and comparison of alternative compliant overrunning clutch designs[J]. Journal of Mechanical Design, 124(3): 485-491.

SAGGERE L, KOTA S, 2001. Synthesis of planar, compliant four-bar mechanisms for compliant-segment motion generation[J]. Journal of Mechanical Design, 123(4): 535.

SAXENA A, KRAMER S, 1998. A simple and accurate method for determining large deflections in compliant mechanisms subjected to end forces and moments[J]. Journal of Mechanical Design, 12(3): 392-400.

SU H J, 2009. A pseudorigid-body 3R model for determining large deflection of cantilever beams subject to tip loads[J]. Journal of Mechanisms and Robotics, 1(2): 021008.

VALENTINI P P, CIRELLI M, PENNESTRÌ E, 2019. Second-order approximation pseudo-rigid model of flexure hinge with parabolic variable thickness[J]. Mechanism and

Machine Theory,136:178-189.

VALENTINI P P, PENNESTRÌ E, 2017. Second-order approximation pseudo-rigid model of leaf flexure hinge[J]. Mechanism and Machine Theory,116:352-359.

VENKITESWARAN V K, SU H J, 2015. A parameter optimization framework for determining the pseudo-rigid-body model of cantilever-beams[J]. Precision Engineering,40:46-54.

VENKITESWARAN V K, SU H J, 2016a. A three-spring pseudorigid-body model for soft joints with significant elongation effects[J]. Journal of Mechanical and Robotics,8(6):061001.

VENKITESWARAN V K, SU H J, 2016b. Pseudo-rigid-body models for circular beams under combined tip loads[J]. Mechanism and Machine Theory,106:80-93.

VEROTTI M, 2020. A pseudo-rigid body model based on finite displacements and strain energy[J]. Mechanism and Machine Theory,149:103811.

WANG N, ZHANG Z, ZHANG X, et al., 2018. Optimization of a 2-DOF micro-positioning stage using corrugated flexure units[J]. Mechanism and Machine Theory,121:683-696.

YU Y Q, FENG Z L, XU Q P, 2012. A pseudo-rigid-body 2R model of flexural beam in compliant mechanisms[J]. Mechanism and Machine Theory,55:18-33.

YU Y Q, ZHU S K, 2017. 5R pseudo-rigid-body model for inflection beams in compliant mechanisms[J]. Mechanism and Machine Theory,116:501-502.

YU Y Q, ZHU S K, XU Q P, et al., 2016. A novel model of large deflection beams with combined end loads in compliant mechanisms[J]. Precision Engineering,43:395-405.

ZHU S K, YU Y Q, 2017. Pseudo-rigid-body model for the flexural beam with an inflection point in compliant mechanisms[J]. Journal of Mechanisms and Robotics,9(3):031005.

第3章 基于新型Z型柔顺铰链的二自由度XZ精密定位平台设计

3.1 引 言

随着全球科技领域的深度探索与不断进步,传统的刚性机构由于固有的局限性,已经逐渐无法满足现代精密工程对高精度、高效率、高稳定性的严苛要求(Maeda and Iwasaki,2012)。这些局限性主要体现在机构内部的摩擦、间隙和需要定期润滑等方面,这些问题不仅影响了机构的精度,还可能显著降低设备的稳定性并缩短其使用寿命。在这样的背景下,柔顺机构凭借其独特的优势崭露头角,成为了现代精密设备领域的研究焦点(Lyn and Xu,2023)。柔顺机构以无间隙、无摩擦、精度高等显著特点(Howell,2001),在生物细胞操作、原子力显微镜等需要高精度操控的科研和工业领域中发挥着举足轻重的作用(Miyake et al.,2014)。这些领域的工作往往需要极其精确的控制和定位,而柔顺机构正好能够满足这些需求。然而,基于柔顺机构的精密定位平台并非单独存在,它需要一个高效的驱动机构来提供动力。目前,驱动这些平台的方式多种多样,包括电磁驱动器(EMA)、静电驱动器(ESA)、电热驱动器(ETA)和压电驱动器(PEA)等(Gu et al.,2014)。这些驱动方式各有千秋,其中压电驱动器(PEA)因其卓越的性能而备受推崇(Wu and Xu,2018)。压电驱动器(PEA)通过压电效应实现电能与机械能的转换,具有极高的响应速度和亚纳米级的分辨率,这使得它在需要高精度、高速度响应的精密定位平台中占据了重要地位。研究人员对PEA的研究热情日益高涨,期待通过不断的技术创新,将其性能推向新的高度,以满足未来更加严苛的精密工程需求。

在实际应用中,由于单个PEA的位移输出往往有限(Xu and Li,2011),难以满足精密定位平台所需的较大运动范围。为了克服这一限制,研究人员经过深入研究与实践,提出了一种有效的解决方案——放大器的串行连接。具体而言,当一个PEA产生的微小位移经过第一个放大器时,其位移量会被放大;随后,这个放大后的位移再经过第二个放大器,进行二次放大;以此类推,通过多级放大器的串联,最终可以实现平台所需的较大运动范围(Lyu,et al.,2023)。

单自由度平台很难满足设计人员的需求,因此,多自由度平台的设计正成为一个新的发展方向。根据机构的连接方式不同,设计多自由度平台主要有串联平台、并联平台和串并联平台3种方案。然而,大惯性、低固有频率和低定位精度的限制是串行平台不可避免的缺点(Kim and Gweon,2012)。与串联平台相比,并联平台结构更为复杂,刚度更大,响应速度更快,固有频率更高,承载能力也更高(Polit and Dong,2011)。串并联平台结合了串、并联平台的优点，但比较复杂。因此，并行平台越来越受到相关领域研究人员的青睐。二自由度平台是多自由度平台的一种。近年来，针对二自由度平台的研究日益深入。Lin 等（2019）设计了 XY 高精度定位平台，可以满足大范围成像的需求。Ling 等（2017）利用桥式放大机构设计了 XY 模块化精密定位平台，该平台结构紧凑，误差小。Clark 等（2015）提出的二自由度线角精密定位平台可以产生耦合的线和角运动。Zhu 等（2010）采用 4 个杠杆机构、2 个 Scott-Russell 机构和 1 个 Z 型柔顺铰链（ZFH）机构实现了具有终极弯曲放大和解耦运动制导的二自由度运动。

ZFH 由 3 个柔顺梁通过串行连接组成。它可以通过自身弯曲来改变运动方向，放大运动行程。基于这些优点，ZFH 通常被用于许多精密定位平台的设计中。Liu 等（2016）在 ZFHs 的输入方向和垂直方向对称布置了一对压电陶瓷驱动器，实现了平台的 XYZ 运动。Xie 等（2021）使用 3 个压电陶瓷驱动器和对称排列的 ZFH 来实现 XYZ 三自由度运动。Gan 等（2022）提出了一种 XYZ 三自由度双向运动平台，该平台由 4 个桥式放大机构和反向对称布置的 ZFH 组成。然而，传统的 ZHF 放大倍率有限，往往难以满足精密定位平台的需求。因此，有必要对 ZFH 的结构进行优化。

本章节在传统 ZFH 的基础上，提出了一种具有更大放大比的新型 ZFH。在此基础上，利用新型 ZFH、导向机构、杠杆机构和 2 个压电陶瓷驱动器设计了 XZ 二自由度精密定位平台。该平台允许在 X 轴上双向移动和在 Z 轴上单向移动，ZFH 的应用使平台在 Z 方向上具有较大的运动行程。

3.2 平台结构设计

本章节对传统 ZFH 进行了结构优化。如图 3-1 所示，传统 Z 型柔顺铰链由 3 根直梁串联组成，而新型 Z 型柔顺铰链用倾斜梁替代中间的竖直梁，倾角与水平面的角度为 α，如图 3-2 所示。新型 ZFH 的工作原理是通过一种独特且高效的方式来实现其运动平台的精确控制。如图 3-3 所示，这一工作原理的核心在于 ZFH 的对称设计及其两端的 X 轴响应机制。当在 ZFH 一端的 X 轴上施加力或位移时，中间的运动平台会产生 X 轴方向的相应运动；当在 ZFH 两端的 X 轴上同时施加力或位移时，这两个对称的部分会同时发生弯曲变形，具体来说，当 X 轴两端同时受到外力作用时，ZFH 的特定结构会发生弯曲，这种弯曲会推动运动平台产生 Z 轴方向相应的位移。

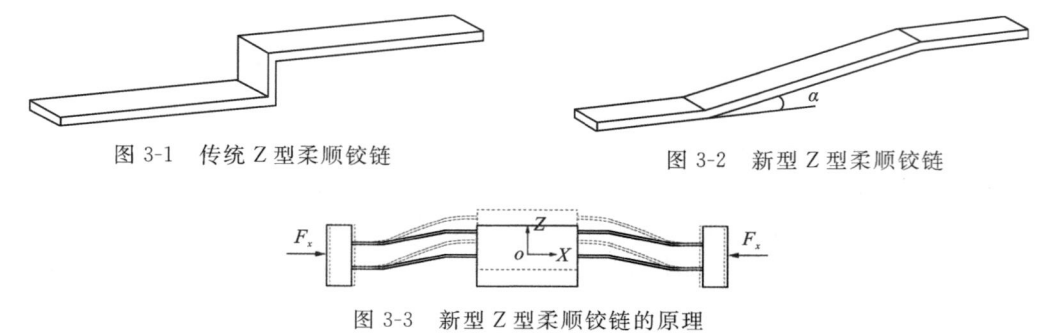

图 3-1　传统 Z 型柔顺铰链　　　　图 3-2　新型 Z 型柔顺铰链

图 3-3　新型 Z 型柔顺铰链的原理

XZ 精密定位平台结构设计如图 3-4 所示。首先,平台采用了对称布置的设计,这种设计不仅保证了平台的平衡性,还使得在施加力或位移时,平台能够均匀受力,从而减少了不必要的振动和误差。对称布局还使得平台在外观上更加美观。在放大输入位移方面,平台采用了一级杠杆机构。这种机构通过改变力臂的长度,能够将较小的输入位移放大为较大的输出位移。这种放大效应使得平台在需要较大位移的场合下,仍然能够保持高精度和稳定性。同时,一级杠杆机构的结构简单、可靠,易于维护和调整。为了实现杠杆机构的输出位移与 X 轴的平行性,平台引入了平行四杆机构。通过与杠杆机构的并联,平行四杆机构能够将杠杆机构的输出位移方向调整为与 X 轴平行的方向,从而确保运动平台在 X 轴方向上的精确运动。最终,杠杆机构和平行四杆机构并联以后,整体与新型 Z 型柔顺铰链串联,其后连接运动平台。

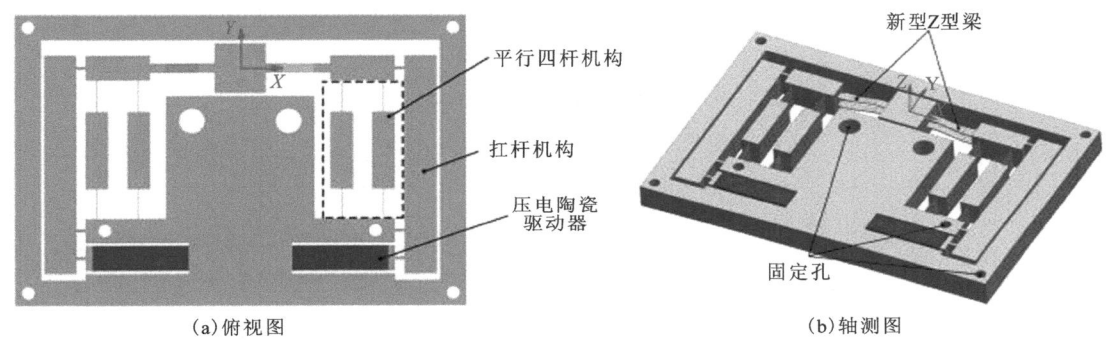

图 3-4 精密定位平台的结构

平台由一对在 X 轴上对称排列的压电陶瓷驱动器驱动,如图 3-4 所示。单个压电陶瓷驱动时,杠杆机构能够放大运动平台在 X 轴方向的位移。当两个对称布置的压电陶瓷同时施加相同的位移时,运动平台能够在 Z 轴方向上产生位移。在这种情况下,杠杆机构和新型 ZFH 实现了运动平台在 Z 轴上位移的二次放大。

3.3 平台建模分析

本节对 XZ 精密定位平台进行了建模和分析,包括运动学建模和静力学建模。运动学建模用于分析平台的运动特性,并对输入和输出位移之间的关系进行理论计算。静力学建模包括新型 ZFH 的放大比分析和整个平台的刚度分析。

3.3.1 运动学建模

由于平台是对称布置的,因此我们只讨论左半部分,如图 3-5 所示。平台左半部分由 1 个压电陶瓷驱动器、1 个杠杆放大机构、1 个平行四杆机构和 1 对新型 Z 型柔顺铰链组成。其中,杠杆放大机构的工作原理如图 3-6 所示。根据杠杆放大的原理,可得杠杆放大机构的放大比为

$$\frac{D_{1\text{out}}}{D_{1\text{in}}} = \frac{l_2}{l_1} \tag{3-1}$$

$$\frac{F_{1\text{out}}}{F_{1\text{in}}} = \frac{l_1}{l_2} \tag{3-2}$$

式中:$D_{1\text{in}}$ 和 $D_{1\text{out}}$ 分别表示杠杆机构的输入位移和输出位移;$F_{1\text{in}}$ 和 $F_{1\text{out}}$ 分别表示杠杆机构的输入力和输出力。

图 3-7 是平行四杆机构的工作原理。其中,杠杆机构产生的 $F_{2\text{in}}$ 为该机构的输入力。由此,我们可以得到如下关系。

$$F_{2\text{in}} = F_{1\text{out}} \tag{3-3}$$

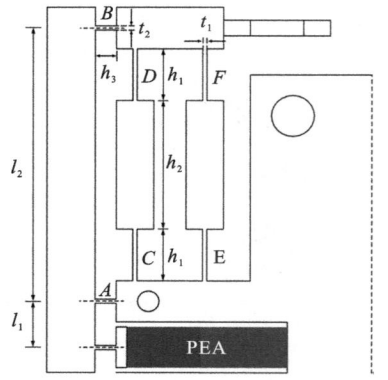

图 3-5 平台的左半部分结构

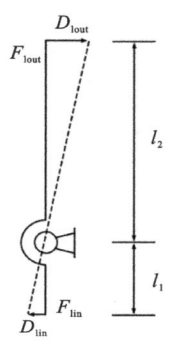

图 3-6 杠杆放大机构的运动学图像

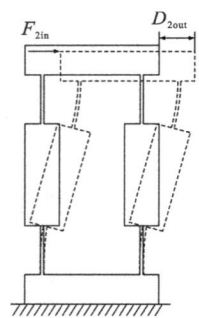

图 3-7 平行四杆机构的运动学图像

$D_{2\text{out}}$ 是机构对力响应产生的位移。根据 Ye 等(2010)的分析,平行四杆机构的输出位移可计算为

$$D_{2\text{out}} = \frac{F_{2\text{in}}}{6EI}(4h_1^3 + 6h_1^2 h_2 + 3h_1 h_2^2) \tag{3-4}$$

$$I = \frac{bt_1^3}{12} \tag{3-5}$$

式中:E 为弹性模量;I 是转动惯量;b 为叶形柔顺铰链的宽度。

根据 Xing 和 Ge(2015)提出的理论,杠杆放大机构与平行四杆机构并联时的位移放大比可计算为

$$k_1 = \frac{2l_1 l_2 t_2 (4h_1^3 + 6h_1^2 h_2 + 3h_1 h_2^2)}{2l_1^2 t_2 (4h_1^3 + 6h_1^2 h_2 + 3h_1 h_2^2) + l_2^2 t_1^3 h_3} \tag{3-6}$$

由式(3-6)可得,平台在 X 轴和 Z 轴的输出位移为

$$X_{\text{out}}^x = k_1 D_{\text{in}} \tag{3-7}$$

$$X_{\text{out}}^z = k_1 A_z D_{\text{in}} \tag{3-8}$$

式中:D_{in} 为 PEA 的输出位移;A_z 为新型 ZFH 的放大比。

3.3.2 静力学建模

1. 平台的输出柔度分析

柔顺机构在运动中会产生变形,造成部分能量的变化,所以传统刚性机构的分析方法并不适用于柔顺机构,众多学者也在这方面做了大量的研究。目前柔顺机构刚度分析主要有3种方法,分别是伪刚体模型法、柔度矩阵法和非线性法。其中,柔度矩阵法普遍应用于精密定位平台的静力学分析,因此,本书主要采用柔度矩阵法进行分析。

柔度矩阵法的基本思想是将集中柔度式柔顺机构的局部坐标系下的柔度转换到最终动平台的全局坐标系下的柔度。最终通过串并联关系对各部分的柔度进行合成得到整体坐标系下的总的柔度,进而可求得整体机构的刚度特性等。柔度矩阵法(Xie et al., 2021)的优点在于简单方便,能有效地计算精密定位平台的静态性能。

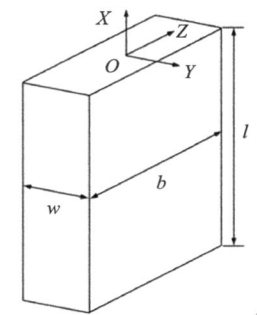

图 3-8 叶形柔顺铰链

平台采用叶形柔顺铰链,其局部坐标系如图 3-8 所示。根据国内外学者提出的柔顺模型,可将叶形柔顺铰链的柔顺矩阵定义为

$$\boldsymbol{C}_b = \begin{bmatrix} c_1 & 0 & 0 & 0 & 0 & 0 \\ 0 & c_2 & 0 & 0 & 0 & c_3 \\ 0 & 0 & c_4 & 0 & c_5 & 0 \\ 0 & 0 & 0 & c_6 & 0 & 0 \\ 0 & 0 & c_5 & 0 & c_7 & 0 \\ 0 & c_3 & 0 & 0 & 0 & c_8 \end{bmatrix} \tag{3-9}$$

叶形柔顺铰链的矩阵参数 $c_i(i=1,2,\cdots,8)$ 如表 3-1 所示。其中,E 和 G 分别代表材料的杨氏模量和剪切模量,k 为结构修正参数,计算公式为

表 3-1 叶形柔顺铰链的柔度矩阵参数

参数	叶形柔顺铰链	参数	叶形柔顺铰链
c_1	$\dfrac{l}{Ebw}$	c_5	$\dfrac{-6l^2}{Eb^3w}$
c_2	$\dfrac{4l^3}{Ebw^3}+\dfrac{l}{Gbw}$	c_6	$\dfrac{l}{Gkbw^3}$
c_3	$\dfrac{6l^2}{Ebw^3}$	c_7	$\dfrac{12l}{Eb^3w}$
c_4	$\dfrac{4l^3}{Eb^3w}+\dfrac{l}{Gbw}$	c_8	$\dfrac{12l}{Ebw^3}$

$$k = \frac{1-0.630m+0.052m^5}{3} \tag{3-10}$$

$$m = \frac{w}{b} \quad (3\text{-}11)$$

局部坐标系需要转化为全局坐标系进行计算,相应的转换关系如下。

$$C = A_d C_b A_d^T \quad (3\text{-}12)$$

式中:A_d 为坐标变换的伴随矩阵,可以被表示为

$$A_d = \begin{bmatrix} R & PR \\ 0_{3\times 3} & R \end{bmatrix} \quad (3\text{-}13)$$

其中,R 是局部坐标系转化为全局坐标系的旋转矩阵;P 是柔顺铰链在全局坐标系中的位置矩阵,它们由式(3-14)和式(3-15)定义。

$$\begin{cases} R_x = \begin{bmatrix} 1 & 0 & 0 \\ 0 & \cos\alpha & -\sin\alpha \\ 0 & \sin\alpha & \cos\alpha \end{bmatrix} \\ R_y = \begin{bmatrix} \cos\beta & 0 & \sin\beta \\ 0 & 1 & 0 \\ -\sin\beta & 0 & \cos\beta \end{bmatrix} \\ R_z = \begin{bmatrix} \cos\gamma & -\sin\gamma & 0 \\ \sin\gamma & \cos\gamma & 0 \\ 0 & 0 & 1 \end{bmatrix} \end{cases} \quad (3\text{-}14)$$

$$P = \begin{bmatrix} 0 & -z & y \\ z & 0 & -x \\ -y & x & 0 \end{bmatrix} \quad (3\text{-}15)$$

如果局部坐标系只进行旋转变换,则相应的伴随矩阵为

$$R_d = \begin{bmatrix} R & 0_{3\times 3} \\ 0_{3\times 3} & R \end{bmatrix} \quad (3\text{-}16)$$

图 3-9 所示为由两条对称支链组成的平台。链条 1 由杠杆放大机构、平行四杆机构和新型 ZFH 组成。杠杆机构与平行四杆机构并联后,再与新型 ZFH 串联。最后,将新型 ZFH 与移动平台相连。杠杆机构与平行四杆机构的输出柔度为

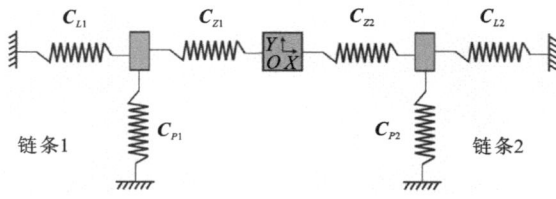

图 3-9 精密定位平台的输出柔度模型

$$C_{L1} = C_{L1}^A + C_{L1}^B \quad (3\text{-}17)$$

$$C_{P1} = [(C_{P1}^C + C_{P1}^D)^{-1} + (C_{F1}^E + C_{P1}^F)^{-1}]^{-1} \quad (3\text{-}18)$$

其中,C_{L1} 表示左侧杠杆机构的柔度;C_{P1} 表示左侧导向机构的柔度。

图 3-10 中上下排列的新型 ZFH 输出柔度为

$$C_{Z1} = \left[\left(\sum_{i=1}^{3} C_{Ziup} \right)^{-1} + \left(\sum_{i=1}^{3} C_{Zidown} \right)^{-1} \right]^{-1} \quad (3\text{-}19)$$

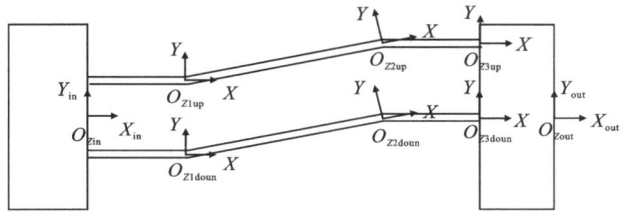

图 3-10 新型 ZFH 原理图

根据串并联关系,链条 1 的输出柔度可表示为

$$C_1 = \left[(C_{L1})^{-1} + (C_{P1})^{-1} \right]^{-1} + C_{Z1} \quad (3\text{-}20)$$

由于链条 2 可以由链条 1 通过旋转得到,因此链条 2 的输出柔度为

$$C_2 = R_{dz}^{\pi} C_1 R_{dz}^{T\pi} \quad (3\text{-}21)$$

其中,R_{dz}^{π} 表示绕 z 轴进行 180°的旋转变换。

由于链条 1 和链条 2 是与运动平台并联的,因此整个平台的输出柔度为

$$C_{\text{out}} = \left[(C_1)^{-1} + (C_2)^{-1} \right]^{-1} \quad (3\text{-}22)$$

2. 新型 Z 型柔顺铰链的放大比分析

新型 ZFH 的放大比可通过 Zhu(2013)提出的方法计算。如图 3-10 所示,假设链条 1 中新型 ZFH 的输出侧固定,则其输入柔度可表示为

$$C_{Z1}^{\text{in}} = A_{d\,Zout}^{Zin} C_{Z1} A_{d\,Zout}^{T\,Zin} \quad (3\text{-}23)$$

其中,$A_{d\,Zout}^{Zin}$ 表示输出端到输入端进行变换的坐标变换矩阵。

输入端的力平衡条件为

$$\begin{cases} u_x^{\text{in}} = c_{1,1}^{\text{in}} F_x^{\text{in}} + c_{1,6}^{\text{in}} M_z^{\text{in}} \\ u_y^{\text{in}} = c_{2,1}^{\text{in}} F_x^{\text{in}} + c_{2,6}^{\text{in}} M_z^{\text{in}} \\ 0 = c_{6,1}^{\text{in}} F_x^{\text{in}} + c_{6,6}^{\text{in}} M_z^{\text{in}} \end{cases} \quad (3\text{-}24)$$

式中:u_x^{in} 和 u_y^{in} 分别为新型 ZFH 在 x 轴和 y 轴上的输入位移;F_x^{in} 为 x 轴上的输入力;M_z^{in} 为 z 轴上的输入力矩;$c_{i,j}^{\text{in}}$ 为 C_{Z1}^{in} 中第 i 行、第 j 列的柔度值。

由式(3-24)中的关系式可得运动平台的 x 向输入柔度为

$$C_{Z1}^{x\text{in}} = \frac{u_x^{\text{in}}}{F_x^{\text{in}}} = \frac{c_{6,6}^{\text{in}} c_{1,1}^{\text{in}} - c_{1,6}^{\text{in}} c_{6,1}^{\text{in}}}{c_{6,6}^{\text{in}}} \quad (3\text{-}25)$$

考虑到新型 ZFH 输入端沿 y 轴的虚拟位移可等同于输出端沿 y 轴的输出位移,因此位移放大比的计算公式为

$$A_z = \frac{u_y^{\text{out}}}{u_x^{\text{in}}} = \frac{u_y^{\text{in}}}{u_x^{\text{in}}} = \frac{1}{C_{z1}^{\text{in}}} \left(c_{2,6}^{\text{in}} - \frac{c_{2,6}^{\text{in}} c_{6,1}^{\text{in}}}{c_{6,6}^{\text{in}}} \right) \quad (3\text{-}26)$$

3.4 有限元分析与讨论

为了测试平台的性能,利用 ANSYS 软件对平台进行了有限元分析。平台材料选用 Al 7075-T6。该的材料性能为屈服强度 505MPa,杨氏模量 7.1×10^4MPa,密度 2.81×10^3kg/m³,泊松比 0.33。平台采用 ANSYS 中的六面体主导网格划分方法,网格尺寸为 0.6mm。

首先对平台进行静态仿真,测量平台在 x 轴和 z 轴上的最大位移如图 3-11 所示。当输入位移作用于左侧杠杆机构时,平台沿 x 轴正向移动;当输入位移作用于右侧杠杆机构时,平台沿 x 轴负向移动;当输入位移同时作用于两侧杠杆机构时,平台沿 z 轴正向移动。当平台输入位移为 $30\mu m$ 时,平台在 x 轴上的输出位移为 $[-175.81\mu m,+175.81\mu m]$。同时,平台在 z 轴上的最大位移为 $846.45\mu m$。

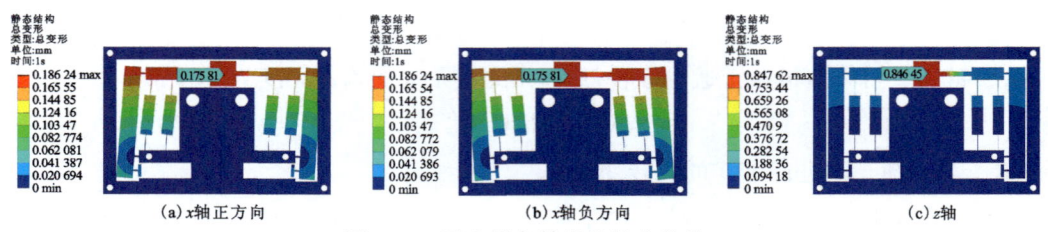

图 3-11 平台沿各轴的总输出位移

此外,还对平台的输出刚度进行了有限元模拟分析。在 ANSYS 中,分别对平台的 x 轴和 z 轴施加 0.1N 的力,得到相应的位移,如图 3-12 所示。通过将输入力除以相应的输出位移,可以计算出平台在每个方向上的输出刚度。如表 3-2 所示,将理论计算结果与仿真结果进行对比,可以得到两者之间的误差。在 x 轴和 z 轴上的输出刚度误差分别为 3.76% 和 6.24%,充分证明了平台的设计是合理的。

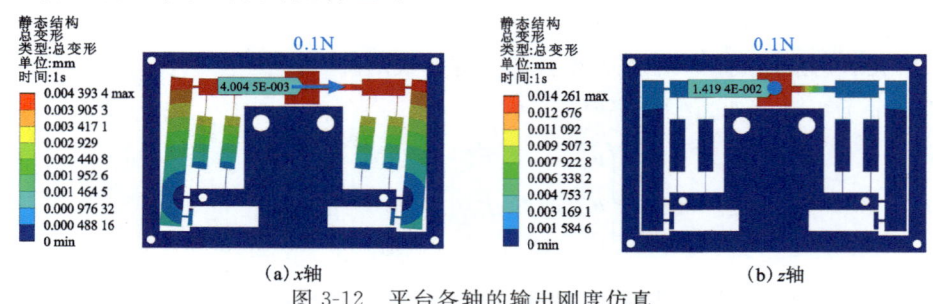

图 3-12 平台各轴的输出刚度仿真

表 3-2 理论模型与仿真分析对比

方法	输出刚度/(N·mm⁻¹)		Z 型柔顺铰链的放大比			
			传统		新型	
	x	z	正向	负向	正向	负向
理论模型	25.91	6.61	4.78		6.69	
仿真分析	24.97	7.05	4.87	5.0	6.46	7.0
误差	3.76%	6.24%	1.85%	4.4%	3.56%	4.43%

如图 3-13 所示,为了验证新型 ZFH 结构设计的可靠性,对传统 ZFH 和新型 ZFH 进行了对比分析。在两个 ZFH 总长度、高度和厚度相同的情况下,两端同时施加 $30\mu m$ 的位移,结果如表 3-2 所示。结果表明,与传统 ZFH 相比,新型 ZFH 具有更高的放大倍率。如图 3-14 所示,利用 ANSYS 对平台的前 6 个模态进行了仿真。前两个固有频率分别为 $146.95\,Hz$ 和 $153.22\,Hz$,可以满足平台的需求。

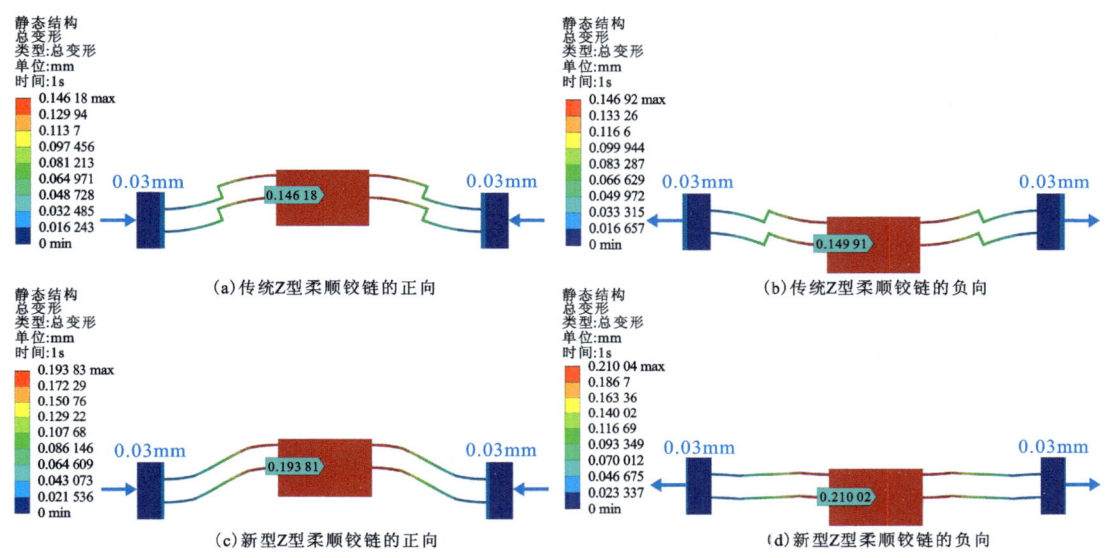

图 3-13　传统和新型 Z 型柔顺铰链的放大比

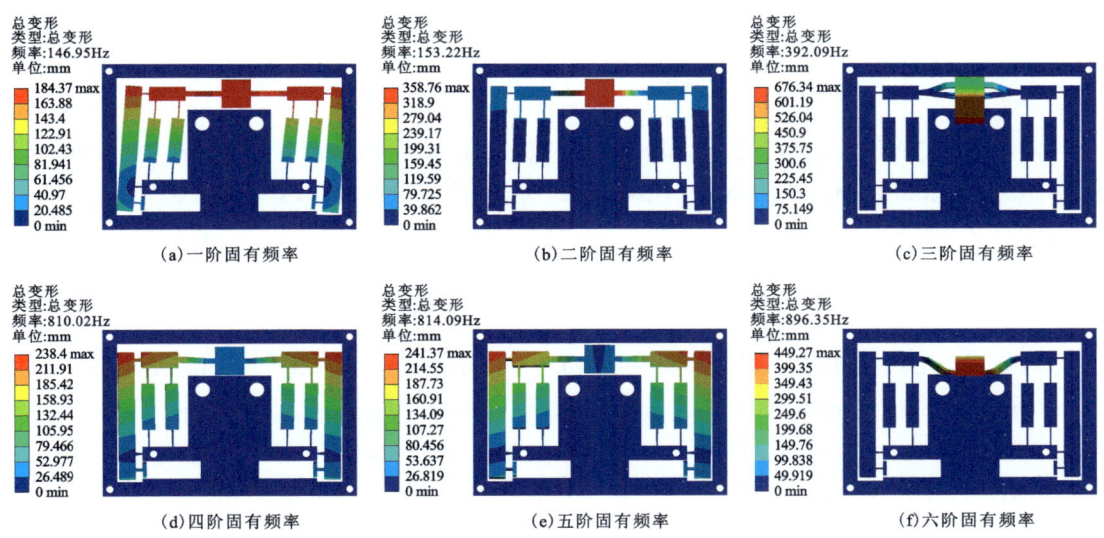

图 3-14　平台的前 6 阶固有频率

3.5 本章小结

本章提出了一种新型的二自由度 XZ 精密定位平台,该平台由新型 ZFHs、杠杆放大机构和平行四杆机构组成。与传统 ZFHs 相比,新型 ZFHs 在结构上进行了优化,提供了更高的放大倍率。采用伪刚体建模方法对平台的运动特性进行了分析。然后,利用柔度矩阵法计算平台的输出刚度,并进行有限元分析验证。以上结果证明了新型 ZFHs 设计和平台设计的合理性。

主要参考文献

CLARK L,SHIRINZADEH B,BHAGAT V,et al. ,2015. Development and control of a two DOF linear-angular precision positioning stage[J]. Mechatronics,32:34-43.

GAN J,LONG J,GE M F,2022. Design of a 3DOF XYZ Bi-Directional Motion Platform Based on Z-Shaped Flexure Hinges[J]. Micromachines,13(1):21.

GU G Y,ZHU L M,SU C Y,et al. ,2014. Modeling and control of piezo-actuated nano positioning stages:A survey[J]. IEEE Transactions on Automation Science and Engineering,13(1):313-332.

HOWELL L L,2001. Compliant Mechanisms[M]. London:Springer London.

KIM H,GWEON D G,2012. Development of a compact and long range XYθz nano-positioning stage[J]. Review of Scientific Instruments,83(8):18-28.

LIN R,LI Y,ZHANG Y,et al. ,2019. Design of A flexure-based mixed-kinematic XY high-precisionpositioning platform with large range[J]. Mechanism and Machine Theory,142:103609.

LING M,GAO J,JING Z,et al. ,2017. Modular kinematics and statics modeling for precision positioning stage[J]. Mechanism and Machine Theory,107:274-282.

LYU Z,XU Q,2023. Design and testing of a large-workspace XY compliant manipulator based on triple-stage parallelogram flexure[J]. Mechanism and Machine Theory,2023,184:105287.

LYU Z,XU Q,ZHU L,2023. Design of a Compliant Vertical Micropositioning Stage Based on Lamina Emergent Mechanisms[J]. IEEE/ASME Transactions on Mechatronics,28(4):2131-2141.

MAEDA Y,IWASAKI M,2012. Initial Friction Compensation Using Rheology-Based Rolling Friction Model in Fast and Precise Positioning[J]. IEEE Transactions on Industrial Electronics,60(9):3865-3876

MIYAKE S,WANG M,KIM J,2014. Silicon nanofabrication by atomic force microscopy-based mechanical processing[J]. Journal of Nanotechnology,1:102404.

POLIT S,DONG J,2011. Development of a High-Bandwidth XY Nanopositioning Stage for High-Rate Micro-/Nanomanufacturing[J]. IEEE/ASME Transactions on Mechatronics, 16(4):724-733.

XIE Y,LI Y,CHEUNG C F,et al.,2021. Design and analysis of a novel compact XYZ parallel precision positioning stage[J]. Microsystem Technologies,27(5):1925-1932.

XING Q,GE Y,2015. Parametric study of a novel asymmetric micro-gripper mechanism [J]. Journal of Advanced Mechanical Design, Systems, and Manufacturing, 9(5): JAMDSM0075.

XU Q,LI Y,2011. Analytical modeling,optimization and testing of a compound bridge-type compliant displacement amplifier[J]. Mechanism and Machine Theory,46:183-200.

YE G,LI W,WANG Y Q,2010. Analysis of Guiding Displacement of Parallel Four-bar Mechanism with Right Angle Flexible Hinge[J]. Journal of China University of Mining and Technology,39(2):254-258.

ZHU W L,ZHU Z,SHI Y,et al.,2010. A novel piezoelectrically actuated 2-DOF compliant micro/nano-positioning stage with multi-level amplification[J]. The Review of Scientific Instruments,87(10):105006.

第4章 基于新型Z型柔顺铰链的三自由度XYZ精密定位平台设计

4.1 引 言

随着科技的不断发展,由于间隙、摩擦和磨损等缺点,传统刚性机构的工作性能已经不能满足现代精密机械装备的要求(Maeda and Iwasaki,2012),而具有无间隙、无摩擦和高精度等优点的柔顺机构已逐渐成为了现代机构和机械设备发展的新方向(Howell,2001)。柔顺机构的优良特性使得以柔顺机构为基础设计的精密定位平台具有高精度、良好的稳定性和高响应速度等优点(Xu,2016)。近年来,基于柔顺机构的精密定位平台在众多精密微操作任务中得到了广泛应用,如原子力显微镜、细胞微纳操作、光刻和纳米切削等(Tian et al.,2020;Yu et al.,2003;Li et al.,2017;Tian et al.,2010;Gozen and Ozdoganlar,2012)。

为了实现更优的平台工作性能,不同形式的驱动器被应用到精密定位平台中,如压电驱动器、电磁驱动器、直线电机驱动器等(Hubbard et al.,2006)。其中压电驱动器因响应速度快、输出力大、精度高和行程大等优点,被广泛应用于柔顺精密定位平台(Rakotondrabe and Ivan,2011;Wu and Xu,2018)。但是压电驱动器的缺点在于它的位移非常有限,通常需要设计位移放大机构(如桥式机构和杠杆机构)对压电驱动器的位移进行放大(Xu and Li,2011;Xu and King,1996)。由于单级放大机构的放大比率通常是有限的,所以在平台设计中可以将多级放大机构用串联的方式连接在一起从而获得更大的放大比(Zhu et al.,2016)。考虑到多级放大机构会影响平台的总体尺寸、运动传递和应力分布,所以放大机构的选择、结构设计和排列是非常重要的。

XYZ平台是精密定位平台中的一种,相比于单自由度平台和二自由度平台,它具有更多样的功能性和更普遍的适用性。根据平台连接形式的不同,XYZ平台可以分为串联式和并联式(Pernette et al.,1997)。串联式平台一般由多层单向机构嵌套构成,输出平台只与最后一级单向机构相连,串联式平台结构简单、控制方便,但惯量大、固有频率低、重复定位精度低(Min et al.,2005;Gao et al.,1999;Kim and Gweon,2012)。并联式平台的输出平台直接与各方向的单向机构相连,故其结构通常较为复杂,各方向的输出位移也容易耦合,但并联式微动平台同时也兼具惯量低、固有频率高、各方向性能相近和负载能力高的优点(Liu et al.,2015;Li and Xu,2011;Polit and Dong,2010)。因此,围绕并联式XYZ平台的设计和研究被大量开展。例如,Zhu等(2017)开发了一种用于纳米切割的三轴柔顺机构,实现了具有解耦特征的三轴平移运动。Li和Xu(2005)提出的一种新型三自由度并联平台可以在所需的工作空间内进行高灵巧操作。Gao 等(2016)使用了 3 对改进的差动杠杆位移放大器以提高机构的工作空间,这些位移放大器呈正交排列。Zhang 和 Xu(2018)提出的平台采用桥式和杠杆型复合放大器,提供了较大的输出位移,超过输入位移的 30 倍。然而,大多数 XYZ 平台都有 3 个正交的工作轴,这导致它们的整体尺寸较大。这不仅使平台在一些有尺寸限制的工作场所无法使用,而且还会对平台的固有频率产生不利影响。

Z 型柔顺铰链是最近被提出的一种由多个柔顺梁组成的柔顺铰链。Z 型柔顺铰链的结构简单,可以改变输入位移的方向、放大输出方向上的位移。为了获得更理想的结构,一些研究人员在 XYZ 平台的结构设计中使用了 Z 型柔顺铰链。例如,Xie 等(2021)利用 Z 型柔顺铰链提出了一个与现有的 XYZ 平台相比,高度尺寸更紧凑的平台。Gan 等(2021)通过将 4 个压电驱动器沿 x 轴和 y 轴对称排列,提出了一种双向运动 XYZ 平台。虽然传统的 Z 型柔顺铰链可以放大输入位移,但其放大比还是有所不足。此外,如果 Z 型柔顺铰链对称地布置在移动平台的两端,那么当移动平台沿着 Z 型柔顺铰链的布置方向移动时,必然会出现耦合误差。因此,为了实现更大的放大比,减少耦合误差,对 Z 型柔顺铰链进行结构优化具有重要意义。

本章节提出了一种相比于传统 Z 型柔顺铰链具有更大放大比的新型 Z 型柔顺铰链,并基于此提出了一种三自由度 XYZ 精密定位平台。该平台中引入了新型 Z 型柔顺铰链、桥式机制和杠杆机制作为位移放大机构以放大输出端的位移。该平台在三轴尤其是 Z 轴上有较大的行程,并在 X 轴上能够实现双向运动。

4.2 平台结构设计

Z 型柔顺铰链是一种由数段柔顺梁组成的分布式柔度的铰链,它能够以较为简单的结构实现输入位移方向的改变并将位移进行放大。要减小精密定位平台的空间尺寸,在近似平面的结构实现 XYZ 3 个自由度的移动,Z 型柔顺铰链是关键。图 4-1 为传统 Z 型柔顺铰链的结构,它由 2 段横梁和 1 段竖梁组成,相当于 3 个叶形柔顺铰链的串联。虽然传统 Z 型柔顺铰链具有位移放大能力,但是其放大比有所不足。因此,为了改善 Z 型柔顺铰链的性能,本章节对 Z 型柔顺铰链进行了结构优化,提出了一种新型 Z 型柔顺铰链,如图 4-2 所示。新型 Z 型柔顺铰链在传统 Z 型柔顺铰链的基础上增加了一段横梁和一段竖梁,这样的结构能够具备更大的放大比,优化效果将在有限元仿真中被验证。

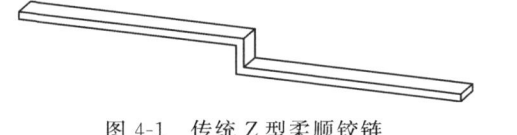 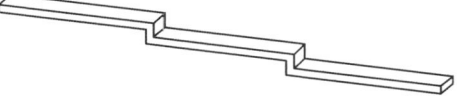

图 4-1　传统 Z 型柔顺铰链　　　　　　　　图 4-2　新型 Z 型柔顺铰链

图 4-3 为新型 Z 型柔顺铰链的工作原理,对 Z 型柔顺铰链的结构优化并没有改变它的工作原理。为了使其起到改变运动方向和放大位移的作用,需要将 Z 型柔顺铰链对称布置于运动平台的两侧。当一对 Z 型柔顺铰链的两端受到沿 x 轴的力 F_x 时,Z 型柔顺铰链会发生弹性变形,从而驱动中间的动平台沿 z 轴运动。值得注意的是,动平台沿 z 轴输出的位移 Δ_z 是

大于沿 X 轴输入的位移 Δ_x 的,这体现了 Z 型柔顺铰链的位移放大作用。由于本平台中的新型 Z 型柔顺铰链布置在中心动平台的两侧,兼具导向梁的功能,所以要在其末端增加半圆形柔顺铰链以增加其自由度。

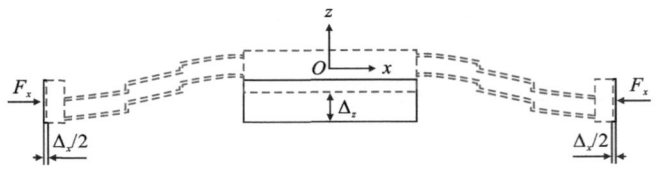

图 4-3　新型 Z 型柔顺铰链的原理

XYZ 精密定位平台的结构设计如图 4-4 所示。平台的所有机构是左右对称布置的,共有 4 条支链在中间的运动平台处并联。运动平台上方支链由 2 个特殊柔顺铰链和导向机构组成。特殊铰链是一种中间镂空的具有 x 和 z 方向 2 个自由度的铰链。运动平台下方支链由 2 个特殊柔顺铰链、二级杠杆放大机构和桥式放大机构组成。运动平台左右两侧的支链是相同的,都由一对上下布置的新型 Z 型柔顺铰链、杠杆机构和桥式放大机构组成。

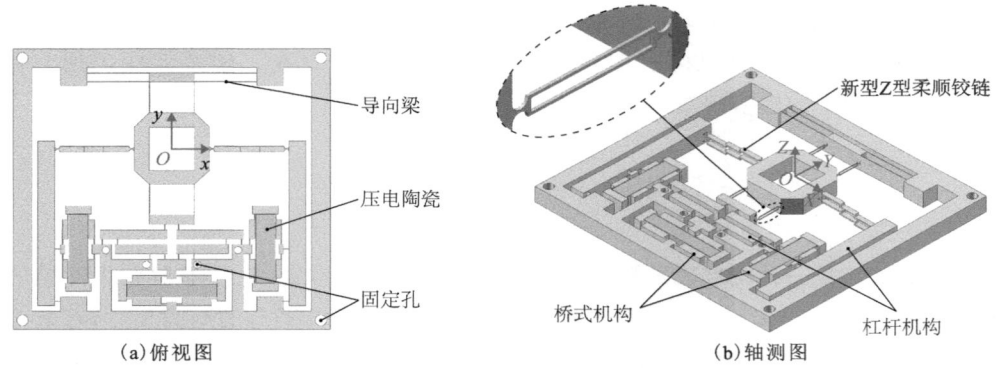

图 4-4　精密定位平台的结构

平台由 3 个分别布置在桥式机构中的压电陶瓷驱动。驱动压电陶瓷 1 时,压电陶瓷伸长带动桥式机构和杠杆推动平台 y 方向的移动。压电陶瓷 2 和压电陶瓷 3 是完全相同的,根据差分运动原理,两个同轴驱动器的驱动力差异能够引起平台在 x 轴的双向运动,并通过桥式机构和杠杆机构对 x 轴位移进行了二级放大。如果压电陶瓷 2 和压电陶瓷 3 输出相同的驱动力,那么平台两侧的杠杆就一起向中间运动,挤压新型 Z 型柔顺铰链使其形变从而产生 Z 轴的位移。这就通过桥式机构、杠杆机构和 Z 型柔顺铰链实现了 Z 轴位移的多级放大。

4.3　平台建模分析

在本节中,主要对精密定位平台进行了理论建模,包括运动学建模和静力学建模。运动学建模主要分析了整个平台的运动特性,静力学建模包括新型 Z 型柔顺铰链的放大比分析和平台的输出柔度分析。

4.3.1 运动学建模

根据伪刚体建模方法,对平台进行运动学建模。为了得到平台直观的运动学模型,可以将叶形柔顺铰链视为带扭力弹簧的转动关节,将杠杆机构视为不发生形变的刚体(Howell,2001)。由于平台的结构是左右对称的,而且无放大作用的导向机构不包含于运动学模型中,所以只需要对平台的部分结构进行分析。如图4-5所示为平台部分结构,包括平台两条支链的放大机构。

首先建立桥式机构的运动学模型以得到其放大比。由于桥式机构的对称结构,只需要分析其四分之一的结构。图4-6为四分之一桥式机构的运动学图像。图中 C 和 D 表示桥式机构中两个叶形柔顺铰链的中心点,其位置标注在图4-5中。H 和 L 分别表示 C 点和 D 点在 x 方向和 y 方向上的距离。根据输入位移与输出位移的几何关系(Qi et al.,2015),可以得到桥式机构2的均匀位移放大比为

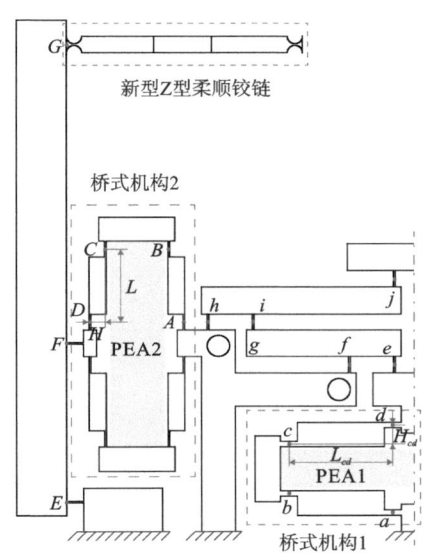
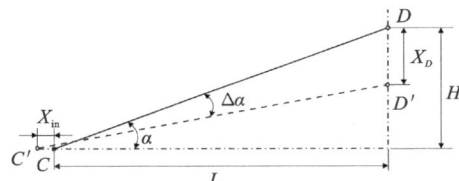

图4-5 平台的部分结构　　　图4-6 四分之一桥式机构的运动学图像

$$A_{B2} = \frac{H\left[\ln\left(\frac{H}{\sqrt{H^2+L^2}}\right) - \ln\left(\sin\left(\arctan\left(\frac{H}{L}\right) - \frac{2X_{in}}{H}\right)\right)\right]}{2X_{in}} \quad (4\text{-}1)$$

式中: X_{in} 为 PEA 2 其中一端的输入位移。同理,设 X_{in}^y 为 PEA 1 其中一端的输入位移,桥式机构2的放大比也能被推导出,即

$$A_B = \frac{H_{cd}\left[\ln\left(\frac{H_{cd}}{\sqrt{H_{cd}^2+L_{cd}^2}}\right) - \ln\left(\sin\left(\arctan\left(\frac{H_{cd}}{L_{cd}}\right) - \frac{X_{in}^y}{H_{cd}}\right)\right)\right]}{X_{in}^y} \quad (4\text{-}2)$$

平台两条支链的运动学图像分别如图4-7和图4-8所示,图中 A-G 和 a-j 为叶形柔顺铰链的中心点,其位置标注在图4-5中。为了得到平台的输出位移和输入位移之间的关系,需要对各个转动关节即柔顺铰链中心的位移进行计算,将它们对应的位移分别设为 X_D、X_F、

X_G、X_d、X_e、X_g、X_i 和 X_j，位移的方向标注在图 4-7 和图 4-8 之中。通过几何关系计算，可以得到这些位移之间的关系。

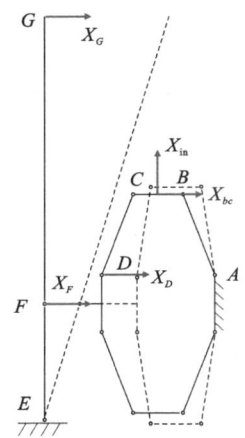

图 4-7 平台左侧支链的运动学图像

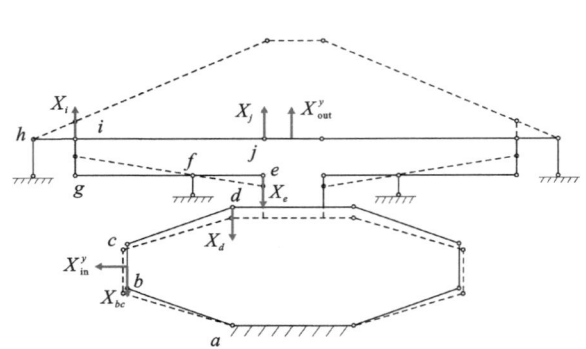

图 4-8 平台下方支链的运动学图像

$$X_F = X_D = A_{B2} X_{\text{in}} \tag{4-3}$$

$$X_G = \frac{l_{EG}}{l_{EF}} X_F \tag{4-4}$$

$$X_e = X_d = A_{B1} X_{\text{in}}^y \tag{4-5}$$

$$X_i = X_g = \frac{l_{fg}}{l_{ef}} X_e \tag{4-6}$$

$$X_j = \frac{l_{hj}}{l_{hi}} X_i \tag{4-7}$$

由运动学关系可知，X_G 和 X_j 分别等于平台 x 轴和 y 轴的输出位移，而 z 轴的位移还将由新型 Z 型柔顺铰链进一步放大，所以，平台 3 个方向的最终输出位移可以表示为

$$X_{\text{out}}^x = X_G \tag{4-8}$$

$$X_{\text{out}}^y = X_j \tag{4-9}$$

$$X_{\text{out}}^z = 2 A_z X_G \tag{4-10}$$

其中，A_z 代表新型 Z 型柔顺铰链的放大比。由于新型 Z 型柔顺铰链是由五段柔顺梁组成的，其变形产生的位移不能被简化为转动关节的位置变化，所以它的放大比无法用运动学方法计算。新型 Z 型柔顺铰链的放大比将在本章 4.3.2 节的静力学建模中通过能量法进行计算。

4.3.2 静力学建模

1. 平台的输出柔度分析

柔度矩阵法是利用柔顺铰链的 6×6 柔度矩阵以及坐标变换方法建立平台的柔度模型的一种静力学建模方法，因为它具有较高的精确度和计算效率，所以本书选择用柔度矩阵法对平台进行分析。柔度矩阵法的详细过程可以参考 Yu 等（2018）和 Koseki 等（2002）的相关文献。

使用柔度矩阵法需要首先在柔顺铰链上建立局部坐标系,图 4-9 为本平台中采用的叶形柔顺铰链与半圆形柔顺铰链,在铰链上建立了局部坐标系并标注了铰链的尺寸参数。

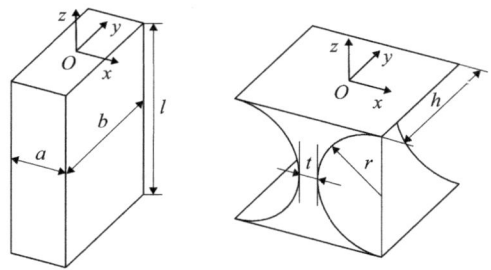

图 4-9　叶形柔顺铰链与半圆形柔顺铰链

由于每个柔顺铰链所受到的力可以分解为 x、y、z 三个方向的力与力矩,所以柔顺铰链的局部坐标柔度矩阵可以被写成一个 6×6 的矩阵,即

$$\boldsymbol{C}_b = \begin{bmatrix} c_1 & 0 & 0 & 0 & -c_3 & 0 \\ 0 & c_2 & 0 & c_4 & 0 & 0 \\ 0 & 0 & c_5 & 0 & 0 & 0 \\ 0 & c_4 & 0 & c_6 & 0 & 0 \\ -c_3 & 0 & 0 & 0 & c_7 & 0 \\ 0 & 0 & 0 & 0 & 0 & c_8 \end{bmatrix} \tag{4-11}$$

其中,两种柔顺铰链的矩阵参数 $c_i(i=1,2,\cdots,8)$,如表 4-1 所示。表中,E 和 G 分别代表材料的杨氏模量和剪切模量,其他参数在图 4-9 中进行了标注。

表 4-1　叶形柔顺铰链和半圆形柔顺铰链的柔度矩阵参数

参数	叶形铰链	半圆形铰链	参数	叶形铰链	半圆形铰链
c_1	$\dfrac{12l}{Eab^3}$	$\dfrac{12}{Eh^3}\left[\pi\left(\dfrac{r}{t}\right)^{\frac{1}{2}} - \dfrac{2+\pi}{2}\right]$	c_5	$\dfrac{12l}{G(a^3b+ab^3)}$	$\dfrac{9\pi r^{\frac{1}{2}}}{2Ght^{\frac{5}{2}}}$
c_2	$\dfrac{12l}{Ea^3b}$	$\dfrac{9\pi r^{\frac{1}{2}}}{2Eht^{\frac{5}{2}}}$	c_6	$\dfrac{4l^3}{Ea^3b}$	$\dfrac{9\pi r^{\frac{5}{2}}}{2Eht^{\frac{5}{2}}} + \dfrac{3\pi r^{\frac{3}{2}}}{2Eht^{\frac{3}{2}}}$
c_3	$\dfrac{6l^2}{Eab^3}$	$\dfrac{12r}{Eh^3}\left[\pi\left(\dfrac{r}{t}\right)^{\frac{1}{2}} - \dfrac{2+\pi}{2}\right]$	c_7	$\dfrac{4l^3}{Eab^3}$	$\dfrac{12\pi r^2}{Eh^3}\left[\left(\dfrac{r}{t}\right)^{\frac{1}{2}} - \dfrac{1}{4}\right]$
c_4	$\dfrac{6l^2}{Ea^3b}$	$\dfrac{9\pi r^{\frac{3}{2}}}{2Eht^{\frac{5}{2}}}$	c_8	$\dfrac{l}{Eab}$	$\dfrac{1}{Eh}\left[\pi\left(\dfrac{r}{t}\right)^{\frac{1}{2}} - \dfrac{\pi}{2}\right]$

在本平台的柔度模型中,除每个柔顺铰链上的局部坐标之外,还需要在动平台的中心点建立一个全局坐标系。往往使用全局坐标柔度矩阵而非局部坐标柔度矩阵来表示柔顺部分的柔度。由局部坐标柔度矩阵 $\boldsymbol{C}_b$ 到全局坐标系矩阵 $\boldsymbol{C}$ 的变换公式为

$$\boldsymbol{C} = \boldsymbol{A}_d \boldsymbol{C}_b \boldsymbol{A}_d^{\mathrm{T}} \tag{4-12}$$

式中:$\boldsymbol{A}_d$ 为坐标变换的伴随矩阵,可以被表示为

$$A_d = \begin{bmatrix} R & 0_{3\times 3} \\ PR & R \end{bmatrix} \quad (4\text{-}13)$$

其中，R 为从局部坐标系到全局坐标系的旋转矩阵，而 P 描述了坐标的平动变换，它们分别由式(4-14)和式(4-15)定义。式(4-14)中的 R_x、R_y 和 R_z 分别代表绕全局坐标系沿 x、y 和 z 轴的旋转矩阵，α、β 和 γ 是旋转的角度。式(4-15)中的 x、y 和 z 分别代表沿 x、y 和 z 轴平移的距离。

$$\begin{cases} R_x = \begin{bmatrix} 1 & 0 & 0 \\ 0 & \cos\alpha & -\sin\alpha \\ 0 & \sin\alpha & \cos\alpha \end{bmatrix} \\ R_y = \begin{bmatrix} \cos\beta & 0 & \sin\beta \\ 0 & 1 & 0 \\ -\sin\beta & 0 & \cos\beta \end{bmatrix} \\ R_z = \begin{bmatrix} \cos\gamma & -\sin\gamma & 0 \\ \sin\gamma & \cos\gamma & 0 \\ 0 & 0 & 1 \end{bmatrix} \end{cases} \quad (4\text{-}14)$$

$$P = \begin{bmatrix} 0 & -z & y \\ z & 0 & -x \\ -y & x & 0 \end{bmatrix} \quad (4\text{-}15)$$

设 C_j 和 C_i 分别为柔顺铰链 j 和柔顺铰链 i 的全局坐标系柔度矩阵，如果将柔顺铰链 j 的局部坐标系绕全局坐标系的某一轴旋转，即可得到柔顺铰链 i 的局部坐标系，即

$$C_i = R_d C_j R_d^{\mathrm{T}} \quad (4\text{-}16)$$

式中：R_d 为旋转变换的伴随矩阵，可以被表示为

$$R_d = \begin{bmatrix} R & 0_{3\times 3} \\ 0_{3\times 3} & R \end{bmatrix} \quad (4\text{-}17)$$

根据铰链之间的串并联关系，可以得到多个柔顺铰链的整体柔度矩阵。如果将 n 个柔顺铰链进行串联，那么它们整体的柔度矩阵可以被表示为

$$C_n = \sum_{i=1}^{n} C_i \quad (4\text{-}18)$$

如果将 n 个柔顺铰链进行并联，那么它们整体的柔度矩阵可以被表示为

$$C_n = \left[\sum_{i=1}^{n} (C_i)^{-1} \right]^{-1} \quad (4\text{-}19)$$

如图 4-10 所示，精密定位平台由 4 条并联的支链组成，分别被标为支链 1、支链 2、支链 3 和支链 4。其中，支链 1 由桥式机构、杠杆机构和新型 Z 型柔顺铰链组成。桥式机构首先与杠杆机构中的叶形柔顺铰链进行并联，然后它们和两个上下排布的新型 Z 型柔顺铰链进行串联，最后并联的新型 Z 型柔顺铰链与动平台连接。因此，支链 1 中桥式机构的柔度可以被表示为

$$C_{B1} = C_{B1}^{A} + C_{B1}^{B} + C_{B1}^{C} + C_{B1}^{D} + C_{B1}^{F} \quad (4\text{-}20)$$

式中：C_{B1}^{A}、C_{B1}^{B}、C_{B1}^{C}、C_{B1}^{D}、C_{B1}^{F} 分别对应图 4-5 中标号为 A-D 和 F 的柔顺铰链，代表这些柔顺铰链的柔度。

第 4 章　基于新型 Z 型柔顺铰链的三自由度 XYZ 精密定位平台设计

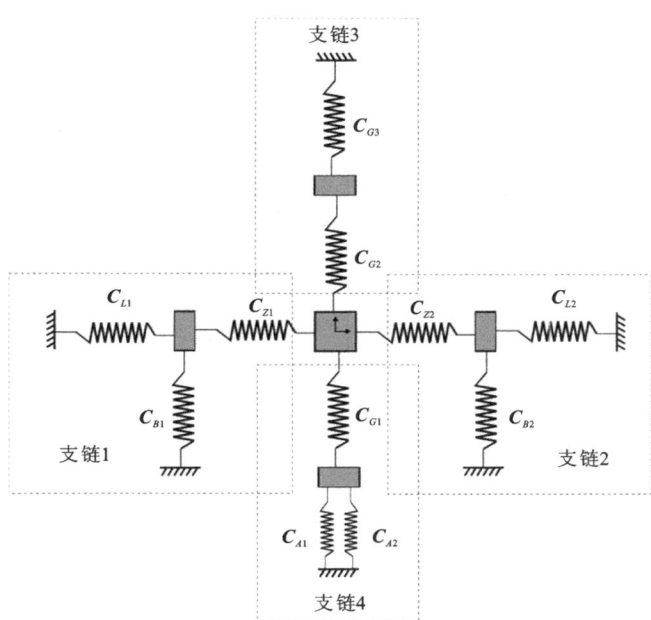

图 4-10　精密定位平台的输出柔度模型

图 4-11 展示了新型 Z 型梁的结构，并标注了全局坐标系以及每段柔顺铰链的局部坐标系。新型 Z 型柔顺铰链的两端是用来提供导向功能的半圆形柔顺铰链。因此，一个新型 Z 型柔顺铰链可以被视为由 7 个柔顺铰链组成的串联铰链，其中包括 2 个半圆形柔顺铰链和 5 个叶形柔顺铰链。支链 1 中有两根上下布置的新型 Z 型柔顺铰链，它们的柔度公式为

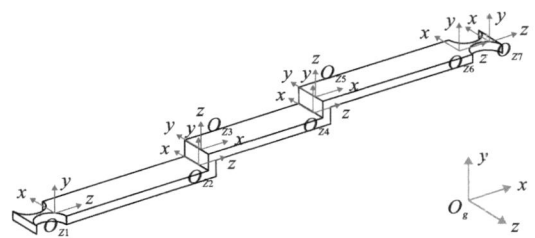

图 4-11　新型 Z 型柔顺铰链的坐标系

$$\boldsymbol{C}_{Z1} = \left[\left(\sum_{i=1}^{7} \boldsymbol{C}_{Z1\text{up}}^{i} \right)^{-1} + \left(\sum_{i=1}^{7} \boldsymbol{C}_{Z1\text{down}}^{i} \right)^{-1} \right]^{-1} \tag{4-21}$$

式中：$\boldsymbol{C}_{Z1\text{up}}^{i}$ 和 $\boldsymbol{C}_{Z1\text{down}}^{i}$ 分别代表上方和下方新型 Z 型柔顺铰链中第 i 段铰链的柔度。

根据支链 1 中铰链的串并联关系，支链 1 的柔度公式为

$$\boldsymbol{C}_{1} = \left[(\boldsymbol{C}_{B1})^{-1} + (\boldsymbol{C}_{L1})^{-1} \right]^{-1} + \boldsymbol{C}_{Z1} \tag{4-22}$$

式中：$\boldsymbol{C}_{L1}$ 为杠杆机构中叶形柔顺铰链的柔度。

由于支链 1 和支链 2 是相同且对称的，支链 2 可以由支链 1 绕全局坐标系的 z 轴旋转 180° 得到，将此旋转变换的伴随矩阵定义为 $\boldsymbol{R}_{d_{z}^{\pi}}$，则支链 2 的柔度可以表示为

$$\boldsymbol{C}_{2} = \boldsymbol{R}_{d_{z}^{\pi}} \boldsymbol{C}_{1} \boldsymbol{R}_{d_{z}^{\pi}}^{\mathrm{T}} \tag{4-23}$$

支链 3 由两个并联的特殊柔顺铰链和叶形导向梁组成，4 个并联的叶形柔顺铰链与 2 个特殊柔顺铰链进行串联，然后特殊柔顺铰链与动平台连接。其中，叶形导向梁的柔度可以表示为

$$C_{G3} = \sum_{i=1}^{4} C_{G3}^{i} \tag{4-24}$$

式中：C_{G3}^{i} 为支链 3 中叶形柔顺铰链的柔度。

如图 4-12 所示，特殊柔顺铰链由 6 个柔顺铰链结合而成，包括 2 个半圆形柔顺铰链和 4 个叶形柔顺铰链。根据这些柔顺铰链的串并联关系，支链 3 中的一个特殊柔顺铰链的柔度为

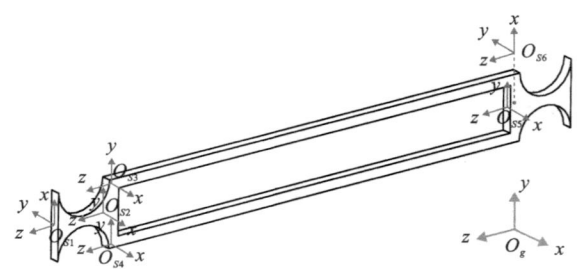

图 4-12　特殊柔顺铰链的坐标系

$$C_{G2}^{l} = C_{G2}^{1} + C_{G2}^{2} + [(C_{G2}^{3})^{-1} + (C_{G2}^{4})^{-1}]^{-1} + C_{G2}^{5} + C_{G2}^{6} \tag{4-25}$$

式中：$C_{G2}^{1\sim 6}$ 等参数分别代表特殊柔顺铰链中 6 个柔顺铰链的柔度。

由于支链 3 中的两个特殊柔顺铰链是对称布置的，因此支链 3 中的特殊柔顺铰链的柔度可以表示为

$$C_{G2} = [(C_{G2}^{l})^{-1} + (R_{d_z^\pi} C_{G2}^{l} R_{d_z^\pi}^{T})^{-1}]^{-1} \tag{4-26}$$

因此，根据支链 3 中铰链的串并联关系，可以推导出支链 3 的柔度为

$$C_3 = C_{G2} + C_{G3} \tag{4-27}$$

支链 4 由桥式机构、杠杆机构和两个串联的特殊柔顺铰链组成。其中的桥式机构和杠杆机构可以被分为两个对称且并联的支链，它们与特殊柔顺铰链进行串联，最后，特殊柔顺铰链与动平台连接。支链 4 中的桥式机构和杠杆机构半部分的柔度可以被表示为

$$C_{A1} = \left\{ \{ [(C_{A1}^{a} + C_{A1}^{b} + C_{A1}^{c} + C_{A1}^{d} + C_{A1}^{e})^{-1} + (C_{A1}^{f})^{-1}]^{-1} + C_{A1}^{i} \}^{-1} + (C_{A1}^{h})^{-1} \right\}^{-1} \tag{4-28}$$

式中：C_{A1}^{a}、C_{A1}^{b}、C_{A1}^{c}、C_{A1}^{d}、C_{A1}^{e}、C_{A1}^{f}、C_{A1}^{i}、C_{A1}^{h} 等参数分别对应图 4-5 中标号为 $a\sim f$ 和 i、h 的柔顺铰链，代表这些柔顺铰链的柔度。

由于对称性，桥式机构和杠杆机构的另一半的柔度为

$$C_{A2} = R_{d_z^\pi} C_{A1} R_{d_z^\pi}^{T} \tag{4-29}$$

此外，由于支链 4 中的特殊柔顺铰链的局部坐标可以由支链 3 中的特殊柔顺铰链的局部坐标绕全局坐标系的 x 轴旋转 180° 得到，将此旋转变换的伴随矩阵定义为 $R_{d_x^\pi}$，则支链 4 中的特殊柔顺铰链的柔度可以表示为

$$C_{G1} = R_{d_x^\pi} C_{G2} R_{d_x^\pi}^{T} \tag{4-30}$$

因此，根据支链 4 中柔顺铰链的串并联关系，支链 4 的柔度为

$$\pmb{C}_4 = [(\pmb{C}_{A1})^{-1} + (\pmb{C}_{A2})^{-1}]^{-1} + \pmb{C}_{G1} \tag{4-31}$$

综上所述，由于平台的 4 条支链是并联于中间动平台的，所以精密定位平台的输出柔度为

$$\pmb{C}_{\text{out}} = [(\pmb{C}_1)^{-1} + (\pmb{C}_2)^{-1} + (\pmb{C}_3)^{-1} + (\pmb{C}_4)^{-1}]^{-1} \tag{4-32}$$

2. 新型 Z 型柔顺铰链的放大比分析

本节利用 Guan 和 Zhu(2010)提出的能量法计算了新型 Z 型柔顺铰链的放大比，该方法通过分析 Z 型柔顺铰链各段梁所受的力和力矩，得到了输入位移与输出位移之间的关系。由于新型 Z 型柔顺铰链在平台中是对称布置的，因此只需分析如图 4-13 所示的单根 Z 形梁即可得到新型 Z 型柔顺铰链的放大比。单根 Z 形梁由 5 段直梁组成，包括两根长度为 L_1 的水平梁、两根长度为 L_2 的垂直梁和一根长度为 L_3 的中间水平梁，每根梁的厚度均为 w。在对 Z 型梁的分析中，Z 型梁在工作中受到一个 x 方向的反作用力 F_x 和一个反作用力矩 M，此外，为了得到 Z 型梁在 z 方向的位移，定义了一个沿 z 轴的虚力 P 作用于 Z 型梁。

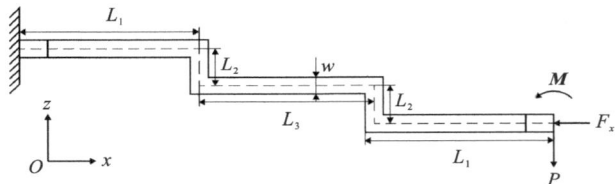

图 4-13 单根 Z 型梁的受力和参数

通过计算，可以得出 5 段梁上任意一点所受到的力矩为

$$\begin{cases} M_1(x_1) = Px_1 - M & 0 < x_1 < L_1 \\ M_2(x_2) = PL_1 - M + x_2 F_x & 0 < x_2 < L_2 \\ M_3(x_3) = P(L_1 + x_3) - M + L_2 F_x & 0 < x_3 < L_3 \\ M_4(x_4) = P(L_1 + L_3) - M + (L_2 + x_4) F_x & 0 < x_4 < L_2 \\ M_5(x_5) = P(L_1 + L_3 + x_5) - M + 2L_2 F_x & 0 < x_5 < L_1 \end{cases} \tag{4-33}$$

式中：$x_i(i=1,2,\cdots,5)$ 表示该点到其所在梁的末端的距离。

根据能量法，可以推导出 Z 型梁在 x 方向的位移

$$\begin{aligned}
\frac{\Delta x}{2} &= 2\int_0^{L_1} \frac{F_x}{EA} \mathrm{d}x + \int_0^{L_3} \frac{F_x}{EA} \mathrm{d}x + \int_0^{L_1} \frac{M_1(x)}{EI} \frac{\partial M_1}{\partial F_x} \mathrm{d}x + \int_0^{L_2} \frac{M_2(x)}{EI} \frac{\partial M_2}{\partial F_x} \mathrm{d}x + \\
&\quad \int_0^{L_3} \frac{M_3(x)}{EI} \frac{\partial M_3}{\partial F_x} \mathrm{d}x + \int_0^{L_2} \frac{M_4(x)}{EI} \frac{\partial M_4}{\partial F_x} \mathrm{d}x + \int_0^{L_1} \frac{M_5(x)}{EI} \frac{\partial M_5}{\partial F_x} \mathrm{d}x \\
&= \left(\frac{2L_1 + L_3}{EA} + \frac{8L_2^3}{3EI} + \frac{4L_1 L_2^2}{3EI} + \frac{L_2^2 L_3}{EI} \right) F_x + \\
&\quad \left(\frac{3L_1^2 L_2}{EI} + \frac{2L_1 L_2^2}{EI} + \frac{3L_2^2 L_3}{2EI} + \frac{L_2 L_3^2}{2EI} + \frac{3L_1 L_2 L_3}{EI} \right) P + \\
&\quad \left(-\frac{2L_2^2}{EI} - \frac{2L_1 L_2}{EI} - \frac{L_2 L_3}{EI} \right) M
\end{aligned} \tag{4-34}$$

而 Z 方向的位移为

$$\Delta z = 2\int_0^{L_1}\frac{P}{EA}\mathrm{d}x + \int_0^{L_1}\frac{M_1(x)}{EI}\frac{\partial M_1}{\partial P}\mathrm{d}x + \int_0^{L_1}\frac{M_2(x)}{EI}\frac{\partial M_2}{\partial P}\mathrm{d}x +$$

$$\int_0^{L_1}\frac{M_3(x)}{EI}\frac{\partial M_3}{\partial EI}\mathrm{d}x + \int_0^{L_1}\frac{M_4(x)}{EI}\frac{\partial M_4}{\partial P}\mathrm{d}x + \int_0^{L_1}\frac{M_5(x)}{EI}\frac{\partial M_5}{\partial P}\mathrm{d}x$$

$$= \left(\frac{3L_1^2 L_2}{EI} + \frac{2L_1 L_2^2}{EI} + \frac{3L_2^2 L_3}{2EI} + \frac{L_2 L_3^2}{2EI} + \frac{3L_1 L_2 L_3}{EI}\right)F_x +$$

$$\left(\frac{2L_2}{EA} + \frac{8L_1^3}{3EI} + \frac{L_3^3}{3EI} + \frac{2L_1^2 L_2}{EI} + \frac{4L_1^2 L_3}{EI} + \frac{2L_1 L_3^2}{EI} + \frac{L_2 L_3^2}{EI} + \frac{2L_1 L_2 L_3}{EI}\right)P +$$

$$\left(-\frac{2L_1^2}{EI} - \frac{L_3^2}{2EI} - \frac{2L_1 L_2}{EI} - \frac{2L_1 L_3}{EI} - \frac{L_2 L_3}{EI}\right)M$$

(4-35)

Z 型梁在运动中转动为 0,可以被表示为

$$0 = \int_0^{L_1}\frac{M_1(x)}{EI}\frac{\partial M_1}{\partial M}\mathrm{d}x + \int_0^{L_1}\frac{M_2(x)}{EI}\frac{\partial M_2}{\partial M}\mathrm{d}x + \int_0^{L_3}\frac{M_3(x)}{EI}\frac{\partial M_3}{\partial M}\mathrm{d}x +$$

$$\int_0^{L_1}\frac{M_4(x)}{EI}\frac{\partial M_4}{\partial M}\mathrm{d}x + \int_0^{L_1}\frac{M_5(x)}{EI}\frac{\partial M_5}{\partial M}\mathrm{d}x$$

$$= \left(-\frac{2L_2^2}{EI} - \frac{2L_1 L_2}{EI} - \frac{L_2 L_3}{EI}\right)F_x +$$

$$\left(-\frac{2L_1^2}{EI} - \frac{L_3^2}{2EI} - \frac{2L_1 L_2}{EI} - \frac{2L_1 L_3}{EI} - \frac{L_2 L_3}{EI}\right)P +$$

$$\left(\frac{2L_1}{EI} + \frac{2L_2}{EI} + \frac{L_3}{EI}\right)M$$

(4-36)

式中:A 和 I 分别为梁的横截面积和转动惯量。

设虚力为零,则等式(4-34)、式(4-35)和式(4-36)可被写成矩阵形式

$$\begin{bmatrix}\frac{\Delta x}{2}\\ \Delta z \\ 0\end{bmatrix} = \begin{bmatrix}f_{11} & f_{12} & f_{13}\\ f_{21} & f_{22} & f_{23}\\ f_{21} & f_{32} & f_{33}\end{bmatrix} \times \begin{bmatrix}F_x\\ P\vert_{P=0}\\ M\end{bmatrix}$$

(4-37)

式中:

$$f_{11} = \frac{2L_1 + L_3}{EA} + \frac{8L_2^3}{3EI} + \frac{4L_1 L_2^2}{3EI} + \frac{E_2^2 L_3}{EI}$$

$$f_{12} = \frac{3L_1^2 L_2}{EI} + \frac{2L_1 L_2^2}{EI} + \frac{3L_2^2 L_3}{2EI} + \frac{L_2 I_3^2}{2EI} + \frac{3L_1 L_2 L_3}{EI}$$

$$f_{13} = -\frac{2L_2^2}{EI} - \frac{2L_1 L_2}{EI} - \frac{L_2 L_3}{EI}$$

$$f_{21} = \frac{3L_1^2 L_2}{EI} + \frac{2L_1 L_2^2}{EI} + \frac{3L_2^2 L_3}{2EI} + \frac{L_2 L_3^2}{2EI} + \frac{3L_1 L_2 L_3}{EI}$$

第 4 章　基于新型 Z 型柔顺铰链的三自由度 XYZ 精密定位平台设计

$$f_{22} = \frac{2L_1^2}{EA} + \frac{8L_1^3}{3EI} + \frac{L_3^3}{3EI} + \frac{2L_1^2 L_2}{EI} + \frac{4L_1^2 L_3}{EI} + \frac{2L_1 L_3^2}{EI} + \frac{L_2 L_3^2}{EI} + \frac{2L_1 L_2 L_3}{EI}$$

$$f_{23} = -\frac{2L_1^2}{EI} - \frac{L_3^2}{2EI} - \frac{2L_1 L_2}{EI} - \frac{2L_1 L_3}{EI} - \frac{L_2 L_3}{EI}$$

$$f_{31} = -\frac{2L_2^2}{EI} - \frac{2L_1 L_2}{EI} - \frac{L_2 L_3}{EI}$$

$$f_{32} = -\frac{2L_1^2}{EA} - \frac{L_3^2}{2EI} - \frac{2L_1 L_2}{EI} - \frac{2L_1 L_3}{EI} - \frac{L_2 L_3}{EI}$$

$$f_{33} = \frac{2L_1}{EI} + \frac{2L_2}{EI} + \frac{L_3}{EI}$$

对等式(4-37)进行求解,可以得到 Δz 和 Δx 之间的关系为

$$\Delta z = \left[\frac{3L_1^2 L_2}{EI} + \frac{2L_1 L_2^2}{EI} + \frac{3L_2^2 L_3}{2EI} + \frac{L_2 L_3^2}{2EI} + \frac{3L_1 L_2 L_3}{EI} - \frac{2L_1^2}{EI} - \frac{L_3^2}{2EI} - \frac{2L_1 L_2}{EI} - \frac{2L_1 L_3}{EI} - \frac{L_2 L_3}{EI} \right] \times$$

$$\left[\begin{array}{cc} \frac{2L_1 + L_3}{EA} + \frac{8L_2^3}{3EI} + \frac{4L_1 L_2^2}{3EI} + \frac{L_2^2 L_3}{EI} & -\frac{2L_2^2}{EI} - \frac{2L_1 L_2}{EI} - \frac{L_2 L_3}{EI} \\ -\frac{2L_2^2}{EI} - \frac{2L_1 L_2}{EI} - \frac{L_2 L_3}{EI} & \frac{2L_1}{EI} + \frac{2L_2}{EI} + \frac{L_3}{EI} \end{array} \right]^{-1} \times \left[\begin{array}{c} \frac{\Delta x}{2} \\ 0 \end{array} \right]$$

$$= \frac{\left(2L_1^3 L_2 + 2L_1^2 L_2^2 + L_2^3 L_3 + \frac{L_2^2 L_3^2}{2} + 3L_1^2 L_2 L_3 + 3L_1 L_2^2 L_3 + L_1 L_2 L_3^2 \right) \times \frac{\Delta x}{2}}{\frac{I}{A}(4L_1^2 + L_3^2 + 4L_1 L_2 + 4L_1 L_3 + 2L_2 L_3) + \frac{4}{3} L_2^4 + 4L_1^2 L_2^2 + \frac{16}{3} L_1 L_2^3 + \frac{2}{3} L_2^3 L_3 + 2L_1 L_2^2 L_3}$$

$$= \frac{\left(2L_1^3 L_2 + 2L_1^2 L_2^2 + L_2^3 L_3 + \frac{L_2^2 L_3^2}{2} + 3L_1^2 L_2 L_3 + 3L_1 L_2^2 L_3 + L_1 L_2 L_3^2 \right) \times \frac{\Delta x}{2}}{\frac{w^2}{12}(4L_1^2 + L_3^2 + 4L_1 L_2 + 4L_1 L_3 + 2L_2 L_3) + \frac{4}{3} L_2^4 + 4L_1^2 L_2^2 + \frac{16}{3} L_1 L_2^3 + \frac{2}{3} L_2^3 L_3 + 2L_1 L_3^2 L_3}$$

(4-38)

综上所述,新型 Z 型柔顺铰链的放大比为

$$A_z = \frac{\Delta z}{\Delta x} \tag{4-39}$$

为了探寻新型 Z 型柔顺铰链的梁参数对其放大比的影响,通过上述放大比公式进行了一些计算。当新型 Z 型柔顺铰链的总长度和梁厚度保持不变时,将不同的 L_2 和 L_3 的值代入方程(4-38),并将计算出的放大比结果绘制成曲线,得到新型 Z 型柔顺铰链的放大比与梁长度之间的关系,如图 4-14 所示。新型 Z 型柔顺铰链的放大比随着 L_3 长度的增加而增加,当 L_3 增加到一定值时达到峰值。值得注意的是,当 L_3 的值为零时,新型 Z 型柔顺铰链将等同于传统 Z 型柔顺铰链。如图 4-15 所示,新型 Z 型柔顺铰链的放大比随着 L_2 的减小而增大,当 L_2 减小到一定值时达到峰值。由此可见,当长度和高度相同时,与传统 Z 型柔顺铰链相比,新型 Z 型柔顺铰链的放大比可以有较大提高,并且可以通过改变水平梁的长度来调整放大比。而当竖直梁的长度越小时,新型 Z 型柔顺铰链的形状会越接近一根直梁,放大比也会越大,但是刚度也会随之增大。

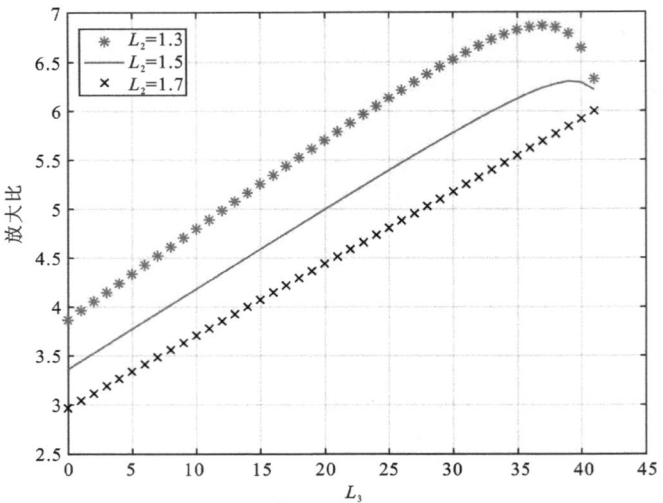

图 4-14 新型 Z 型柔顺铰链的放大比与 L_3 的关系

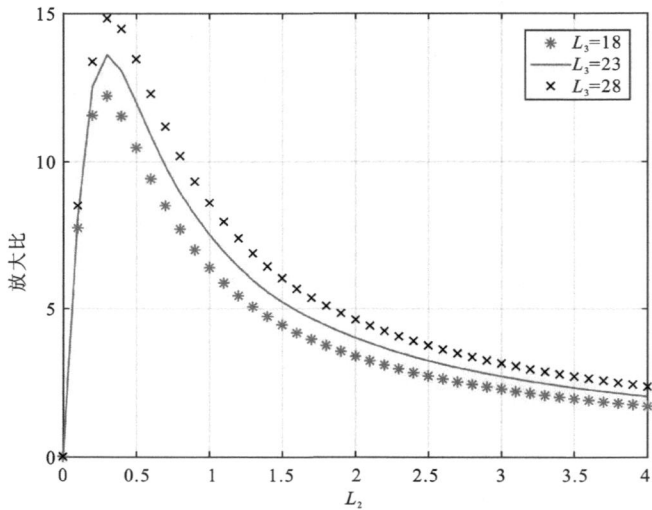

图 4-15 新型 Z 型柔顺铰链的放大比与 L_2 的关系

4.4 有限元分析与讨论

利用 ANSYS 软件对该平台进行了有限元分析,证明了该平台的工作性能,并验证了理论分析的有效性。Al 7075-T6 因其优异的柔度、强度和耐磨性而被用作该平台的材料。Al 7075-T6 的关键参数性能为密度 $2.81 \times 10^3 \text{kg/m}^3$,屈服强度 505MPa,杨氏模量 7.1×10^4 MPa,泊松比 0.33。

对该平台进行了静力学仿真,得到了平台沿各轴的最大输出位移。如图 4-16(a)、(b)所示,当对左侧的桥式机构施加沿 y 轴的输入位移时,动平台将沿 x 轴的正方向移动。当对右侧的桥式机构施加沿 y 轴的输入位移时,动平台将沿 x 轴的负方向移动。将最大输入位移设

第 4 章 基于新型 Z 型柔顺铰链的三自由度 XYZ 精密定位平台设计

定在 38 μm 时,平台在 x 轴的输出位移的范围为 $[-536.1\mu m,+535.25\mu m]$。如图 4-16(c)所示,对中间的桥式机构施加沿 x 轴的输入位移时,动平台将沿 y 轴移动。将最大输入位移设定在 48 μm 时,平台在 y 轴的最大输出位移为 439.98 μm。如图 4-16(d)所示,当同时对左右两侧的桥式机构施加相同大小的沿 y 轴的输入位移时,动平台将沿 z 轴移动。将两侧的最大输入位移都设定在 38 μm 时,平台在 z 轴的最大输出位移为 1 579.8 μm。

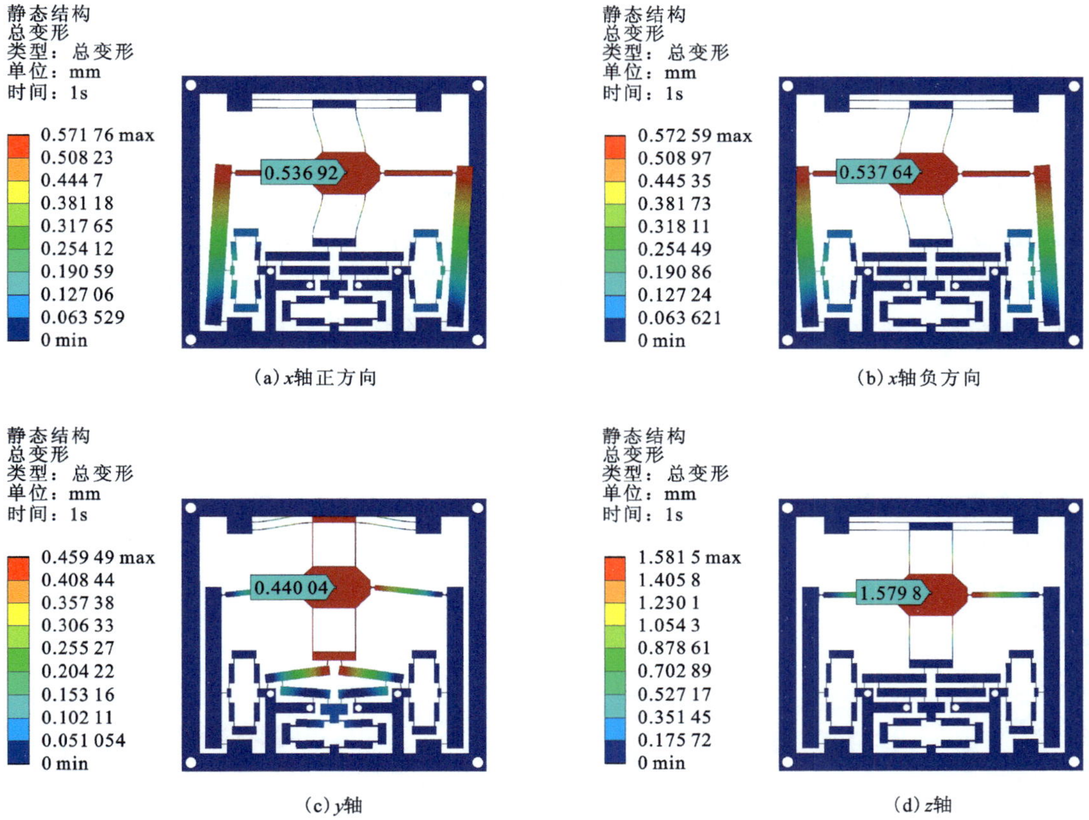

图 4-16 平台各轴的最大输出位移

此外,还对平台的输出刚度进行了仿真。如图 4-17 所示,通过在动平台上沿 x、y、z 三轴施加 1N 的力,可以得到相应的位移,每个轴的输出刚度可以通过将输入力除以动平台的位移来得到。将理论模型与仿真结果进行了对比,如表 4-2 所示。在 x 轴、y 轴和 z 轴上的输出刚度误差分别为 11.30%、14.77% 和 16.43%,较小的误差证明了理论模型的有效性。

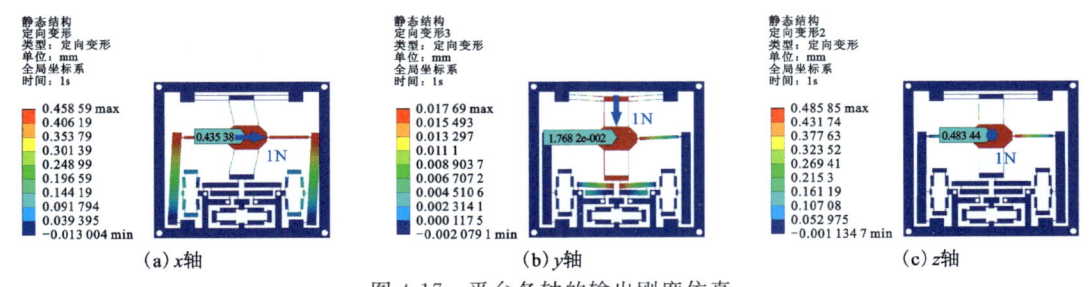

图 4-17 平台各轴的输出刚度仿真

表 4-2 理论模型与仿真分析对比

方法	输出刚度/(N·mm)$^{-1}$			Z 型柔顺铰链的放大比			
				传统		新型	
	x	y	z	正向	负向	正向	负向
理论模型	2.04	48.20	2.41	3.36		5.23	
仿真分析	2.30	56.55	2.07	3.30	3.53	4.87	5.39
误差	11.30%	14.77%	16.43%	1.82%	4.82%	7.39%	2.97%

为了证明 Z 型柔顺铰链优化的有效性,通过仿真分析,比较了传统 Z 型柔顺铰链和新型 Z 型柔顺铰链的放大比和耦合误差。在两种 Z 型柔顺铰链的总长度、总高度和梁厚度相同的条件下,向两端施加相同的输入位移(0.1mm),如图 4-18 所示,传统 Z 型柔顺铰链在正、负方向输出的位移分别为 0.660 77mm 和 0.706 72mm,新型 Z 型柔顺铰链在正、负方向输出的位移分别为 0.973 04mm 和 1.078 8mm。这表明,新型 Z 型柔顺铰链在正方向或负方向上都比传统 Z 型柔顺铰链具有更大的放大比。两种 Z 型柔顺铰链的放大比的理论模型与仿真结果的对比如表 4-2 所示。此外,当仅在 Z 型柔顺铰链的一端沿 x 轴输入位移时,在 Z 方向上会出现耦合位移。如图 4-19 所示,当沿 x 轴的输入位移为 0.1mm 时,新型 Z 型柔顺铰链沿 Z 轴的耦合位移为 0.018 763mm,小于传统 Z 型柔顺铰链(0.025 067)。上述仿真分析表明,新型 Z 型柔顺铰链比传统 Z 型柔顺铰链具有更好的性能。

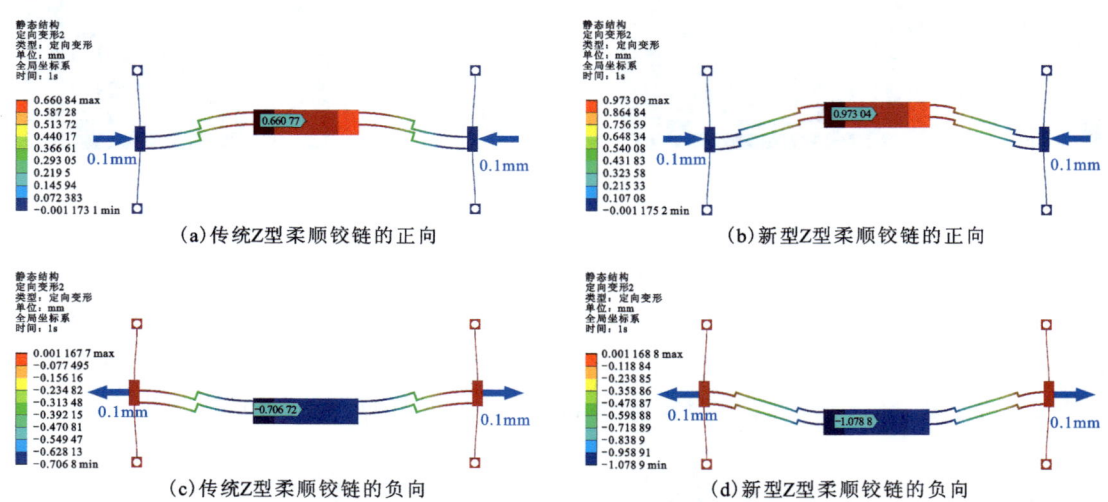

图 4-18 传统和新型 Z 型柔顺铰链的放大比

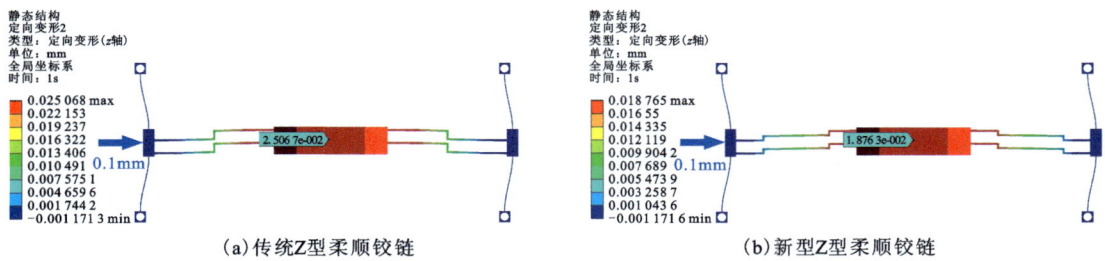

图 4-19　传统和新型 Z 型柔顺铰链的耦合误差

4.5　本章小结

本章提出了一种基于新型 Z 型柔顺铰链的三自由度 XYZ 精密定位平台。新型 Z 型柔顺铰链的结构由传统 Z 型柔顺铰链进行结构优化而得到，实现了更大的放大比和更小的耦合误差。通过采用桥式机构、杠杆机构和新型 Z 型柔顺铰链，该平台以较小的空间尺寸在 3 个轴上，特别是 z 轴上实现了大行程。采用伪刚体建模方法分析了该平台的运动特性，通过柔度矩阵法计算了平台的输出柔度，并通过有限元分析进行验证。最后，仿真结果验证了新型 Z 型柔顺铰链的优越性能。综上所述，该新型 Z 型柔顺铰链的结构优化效果较好，使用新型 Z 型柔顺铰链的平台具有良好的性能。

主要参考文献

GAN J, LONG J, GE M F, 2021. Design of a 3DOF XYZ Bi-Directional Motion Platform Based on Z-Shaped Flexure Hinges[J]. Micromachines, 13(1):21.

GAO P, SWEI S M, YUAN Z, 1999. A new piezodriven precision micropositioning stage utilizing flexure hinges[J]. Nanotechnology, 10(4):394.

GOZEN B A, OZDOGANLAR O B, 2012. Design and evaluation of a mechanical nanomanufacturing system for nanomilling[J]. Precision Engineering, 36(1):19-30.

GUAN C, ZHU Y, 2010. An electrothermal microactuator with Z-shaped beams[J]. Journal of Micromechanics and Microengineering, 20(8):085014.

HOWELL L L, 2001. Compliant mechanisms[M]. London: Springer London.

HUBBARD N B, CULPEPPER M L, HOWELL L L, 2006. Actuators for micropositioners and nanopositioners[J]. ASME Applied Mechanics Reviews, 59(6):324-334.

KIM H, GWEON D G, 2012. Development of a compact and long range XYθZ nano-positioning stage[J]. Review of Scientific Instruments, 83(8):085102.

KOSEKI Y, TANIKAWA T, KOYACHI N, et al., 2002. Kinematic analysis of a translational 3-dof micro-parallel mechanism using the matrix method[J]. Advanced Robotics,16(3):251-264.

LI J,LIU H,ZHAO H,2017. A compact 2-DOF piezoelectric-driven platform based on 'z-shaped' flexure hinges[J]. Micromachines,8(8):245.

LI Y,XU Q,2011. Design and robust repetitive control of a new parallel-kinematic XY piezostage for micro/nanomanipulation[J]. IEEE/ASME Transactions on Mechatronics,17(6):1120-1132.

MAEDA Y,IWASAKI M,2012. Initial friction compensation using rheology-based rolling friction model in fast and precise positioning[J]. IEEE Transactions on Industrial Electronics,60(9):3865-3876.

PERNETTE E,HENEIN S,MAGNANI I et al.,1997. Design of parallel robots in microrobotics[J]. Robotica,15(4):417-420.

POLIT S,DONG J,2010. Development of a high-bandwidth XY nanopositioning stage for high-rate micro-/nanomanufacturing[J]. IEEE/ASME Transactions on Mechatronics,16(4):724-733.

QI K Q,XIANG Y,FANG C,et al.,2015. Analysis of the displacement amplification ratio of bridge-type mechanism[J]. Mechanism and Machine Theory,87:45-56.

RAKOTONDRABE M,IVAN I A,2011. Development and force/position control of a new hybrid thermo-piezoelectric microgripper dedicated to micromanipulation tasks[J]. IEEE Transactions on Automation Science and Engineering,8(4):824-834.

TIAN Y,SHIRINZADEH B,ZHANG D,2010. Design and dynamics of a 3-DOF flexure-based parallel mechanism for micro/nano manipulation[J]. Microelectronic Engineering,87(2):230-241.

TIAN Y,ZHOU C,WANG F,et al.,2020. A novel compliant mechanismbased system to calibrate spring constant of AFM cantilevers[J]. Sensors and Actuators A:Physical,309:112027.

WU Z,XU Q,2018. Survey on recent designs of compliant micro-/nano-positioning stages[J]. Actuators,7(1):5.

XIE Y,LI Y,CHEUNG C F,et al.,2021. Design and analysis of a novel compact XYZ parallel precision positioning stage[J]. Microsystem Technologies,27(5):1925-1932.

XU Q,2016. Design and Implementation of Large-Range Compliant Micropositioning Systems[M]. Singapore:Wiley.

XU Q,LI Y,2011. Analytical modeling,optimization and testing of a compound bridge-type compliant displacement amplifier[J]. Mechanism and Machine Theory,46(2):183-200.

XU W,KING T,1996. Flexure hinges for piezoactuator displacement amplifiers:Flexibility,accuracy,and stress considerations[J]. Precision Engineering,19(1):4-10.

YU J J,BI S S,PEI X,2018. Flexure design:analysis and synthesis of compliant mechanism[M]. Beijing:Higher Education Press.

ZHANG X, XU Q, 2018. Design and testing of a new 3-DOF spatial flexure parallel micropositioning stage[J]. International Journal of Precision Engineering and Manufacturing, 19(1):109-118.

ZHU W L, ZHU Z, SHI Y, et al., 2016. A novel piezoelectrically actuated 2-DOF compliant micro/nano-positioning stage with multi-level amplification [J]. Review of Scientific Instruments, 87(10):105006.

ZHU Z, TO S, ZHU W L, et al., 2017. Optimum design of a piezo-actuated triaxial compliant mechanism for nanocutting[J]. IEEE Transactions on Industrial Electronics, 65(8):6362-6371.

第5章 基于Z型柔顺铰链的三自由度双向运动精密定位平台设计

5.1 引 言

精密定位平台在微纳操作中发挥着越来越重要的作用,目前已广泛应用于生物工程(Gu et al.,2014;Gao et al.,2016;Si et al.,2021)、精密光学(Zhu et al.,2015;Yong et al.,2012;Li and Wu,2016)、原子力显微镜(Li et al.,2014;Miyake et al.,2014)、航空航天(Nielsen,1995)等工程领域(Gozen and Ozdoganlar,2012;Shinno et al.,2007;Fukuda et al.,2003)。随着科学技术的不断发展,刚性机构由于摩擦、间隙等局限性,已经不能满足当前对特定场合高精度、快速响应的需求(Maeda and Iwasaki,2012)。相反,具有无摩擦、无间隙、高精度等优点的柔顺机构近年来成为微纳操作领域的研究热点(Ling et al.,2019;Zhu et al.,2018)。在微纳操作中,通常采用电磁驱动器、静电驱动器、电热驱动器和压电陶瓷驱动器来驱动平台(Wu and Xu,2018)。压电陶瓷驱动器作为最流行的一种驱动器,以其分辨率高、响应速度快、驱动力大等优点被广泛应用于精密平台中(Xiao et al.,2019;Wang et al.,2018)。传统的柔顺精密定位平台可分为单自由度平台(Joshi et al.,2017)和多自由度平台(Zhang and Xu,2016;Lee et al.,2018)。随着微纳领域的发展,单自由度平台已难以满足当前精密操作的要求。因此,高性能多自由度精密定位平台成为近年来的研究热点(Zhang and Xu,2019;Chen et al.,2019)。

XYZ平台是一种重要的精密定位平台,在一些空间操作中需要用到它(Zhu et al.,2017;Wu and Xu,2018)。近几十年来,空间XYZ平台的应用得到了广泛的研究。例如,Lv 等(2018)提出了一种基于XYZ(3D)运动装置的创新设计,可以产生精确、快速的微位移。Zhu等(2017)采用三链并联的正交布置,实现了XYZ轴之间的低耦合和整体的高固有频率。Xu等(2008)也采用三链正交排列设计了XYZ精密定位平台,并在每条链中引入多级杠杆放大机构放大输出位移。Zhang和Xu(2018)通过桥杆复合放大机构将XYZ平台的行程放大到输入位移的30倍以上。值得注意的是,这些空间XYZ平台大多由沿x、y、z方向的3条正交链组成,这通常导致它们的整体尺寸更大(Tang et al.,2017;Hao and Kong,2012)。此外,更大的尺寸也会导致其他问题,如更大的质量对平台的固有频率有负面影响。

Ling 等(2018)为了减小平台的尺寸,在平面机构的中心放置了压电陶瓷驱动器和两级放大机构。Zhang 和 Xu(2016)采用之字形梁,利用差分运动原理(DMP)实现结构尺寸紧凑的XYZ运动。Ghafarian等(2020)设计了一种圆形小型XYZ精密定位平台,该平台采用3个

120°平面布置的桥式机构和带有半圆形缺口铰链的斜块。Wang 等(2020)设计了一种近平面结构、高固有频率的 XYZ 平台,在平台的 3 条链上都采用了楔形结构。这些平台已经以不同的方式缩小了尺寸。然而,它们不能同时实现所有 3 个自由度的大行程。而且,它们最多只能实现 2 个自由度的双向运动。

Z 型柔顺铰链最初由 Guan 和 Zhu(2010)提出,用作驱动。它可以在一个紧凑的结构中改变运动方向,并在输出方向上放大行程。随后,也有研究者采用 Z 型柔顺铰链设计了各种平台。Liu 等(2016)在 Z 型柔顺铰链的输出端采用特殊结构放置压电陶瓷驱动器,实现 x、y、z 3 轴的运动。Xie 等(2021)采用 3 个驱动器和对称的 Z 型柔顺铰链结构在平面机构中实现了 XYZ 运动。随着微纳操作的快速发展,传统的单方向移动平台越来越难以满足一些需要相对于原点正、负方向移动的情况。因此,一些研究者设计了双向运动平台。Choi 等(2020)设计了一种用于微纳操作的 XY 双向运动平台。Zhu 等(2014)设计了一种采用 Z 型柔顺铰链的二自由度刀具切削平台,可实现 x 轴双向切割功能。本书利用 Z 型柔顺铰链的紧凑结构及其位移放大和方向变化的功能,在近平面结构中实现了 XYZ 双向运动,使平台沿 Z 轴具有较大行程。

综上所述,目前 XYZ 精密定位平台存在的主要问题是平台尺寸与行程不匹配。特别是,它们不能在减小 z 轴尺寸的同时实现更大的行程。此外,大多数平台不能产生相对于原点的正、负双向运动。为了解决这些问题,本书提出了一种基于 Z 型柔顺铰链的三自由度 XYZ 双向运动平台。该平台采用 Z 型柔顺铰链在 x 轴和 y 轴上的反向布置,实现了近平面结构、小尺寸、大行程和三自由度双向运动。

5.2 XYZ 双向运动平台结构设计

合理使用和布置 Z 型柔顺铰链是实现 XYZ 双向运动的关键。Z 型柔顺铰链可以改变运动方向,通过弯曲变形放大输出位移。

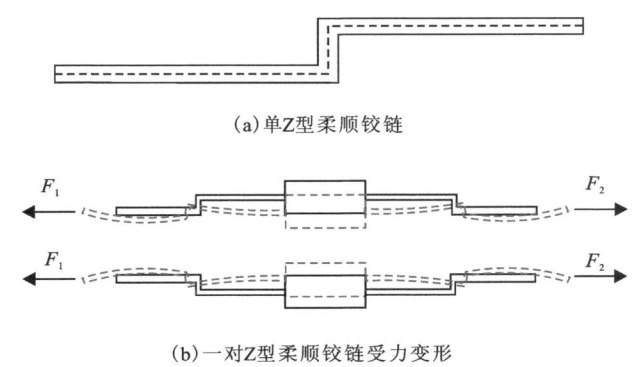

(a) 单 Z 型柔顺铰链

(b) 一对 Z 型柔顺铰链受力变形

图 5-1　Z 型柔顺铰链及其受力变形特性

图 5-1 为 Z 型柔顺铰链的工作原理。刚体布置在中间,刚体两侧设置对称的 Z 型柔顺铰链。当两端受力或位移时,Z 型柔顺铰链会因弯曲而产生变形。弯曲变形的方向与 Z 型柔顺

铰链的布置有关。如图 5-2 所示,当在 x 轴和 y 轴上分别布置一对方向相反的 Z 型柔顺铰链时,中间的移动平台相对于原点可以在 z 轴上向上或向下移动。

XYZ 双向运动平台结构设计如图 5-3 所示。4 个支链中的桥式放大机构用于放大输入位移。在桥式机构的输出端设计叶片形柔顺导向铰链,实现输入和输出的解耦。Z 型柔顺铰链与桥式机构和叶形柔顺导向梁串联,最终与移动平台相连。桥式机构、叶形柔顺导向梁、两侧的 Z 形柔顺铰链组成一条分支链,4 条链组成 4-PP 配置的精确定位平台。值得注意的是,由于布置在 x 轴和 y 轴上的 Z 型柔顺铰链是相反的,所以这 4 条链并非完全对称。

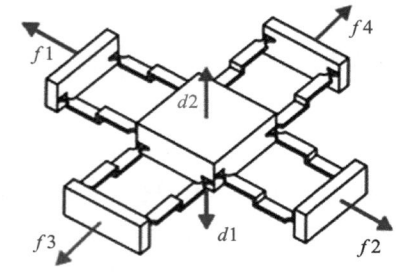

图 5-2 三自由度双向运动原理

为了产生 XYZ 方向上的双向运动,在 x 轴和 y 轴上分别布置一对相同的压电陶瓷驱动器(PCA),如图 5-3 所示。根据著名的 DMP 理论,两个同轴驱动器的驱动力差会引起平台沿 x 轴或 y 轴的运动(Gandhi,2020)。x 轴上的一对驱动器可以使平台在 x 轴上沿正负方向运动,也可以使平台在 Z 轴上向正方向运动。y 轴上的一对驱动器可以使平台在 y 轴上沿正负方向和 z 轴上沿负方向运动。这样,在近平面结构下实现 XYZ 3 个方向的双向运动是可行的。

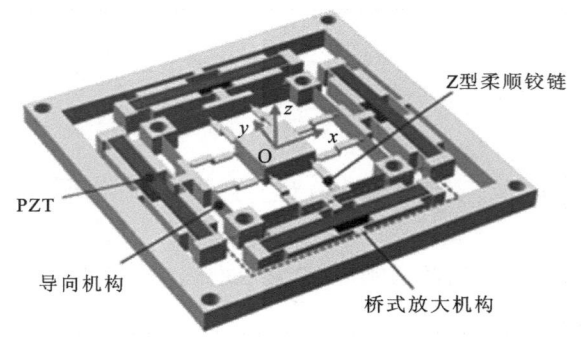

图 5-3 精密定位平台的结构设计

5.3 平台静力学建模与分析

本节介绍了 XYZ 双向运动平台的静力学建模与分析。静力学建模主要包括 Z 型柔顺铰链的刚度和放大比分析、整个平台的刚度分析和运动特性分析。采用柔度矩阵法和能量法对 Z 型柔顺铰链的刚度和放大比、平台的输入与输出刚度和运动特性进行分析。柔度矩阵法是建立柔度机构静力学模型的可行方法,柔度矩阵法的详细内容可参考 Pham 和 Chen(2005),以及 Koseki 等(2002)的相关文献。

5.3.1 Z 型柔顺铰链刚度模型

如图 5-4 所示,Z 型柔顺铰链由 3 个叶形导向机构串联而成,中间的叶形导向机构与另外两个叶形导向机构垂直。本书在 Z 型柔顺铰链的两端采用半圆形缺口铰链,以保证其导向功能。因此,Z 型柔顺铰链可以看作 1 个由 5 个铰链组成的系列。将 5 个柔顺铰链的刚度串联相加,换算成 O_5,即全局坐标系原点。可得到 Z 型柔顺铰链的输出刚度

$$\boldsymbol{C}_z^{\text{out}} = \boldsymbol{C}_{o1}^z + \boldsymbol{C}_{o2}^z + \boldsymbol{C}_{o3}^z + \boldsymbol{C}_{o4}^z + \boldsymbol{C}_{o5} \tag{5-1}$$

式中:$\boldsymbol{C}_{oi}^z(i=1,2,3,4)$ 为局部坐标系对全局坐标系的刚度,可以表示为

$$\boldsymbol{C}_{oi}^z = \boldsymbol{A}_{di} \boldsymbol{C}_{oi} \boldsymbol{A}_{di}^{\mathrm{T}} \tag{5-2}$$

其中,$\boldsymbol{A}_{di}$ 为坐标变换的伴随矩阵,可得

$$\boldsymbol{A}_{di} = \begin{bmatrix} \boldsymbol{R} & 0 \\ \hat{\boldsymbol{t}} \boldsymbol{R} & \boldsymbol{R} \end{bmatrix} \tag{5-3}$$

其中,$\boldsymbol{R}$ 为局部坐标系到全局坐标系的旋转矩阵,$\hat{\boldsymbol{t}}$ 为平移向量定义的反对称矩阵

$$\hat{\boldsymbol{t}} = \begin{bmatrix} 0 & -z & y \\ z & 0 & -x \\ -y & x & 0 \end{bmatrix} \tag{5-4}$$

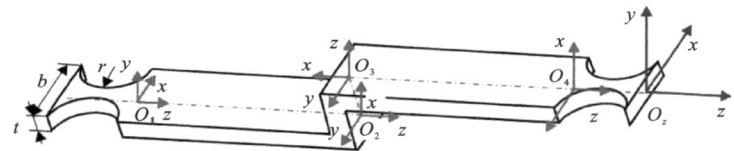

图 5-4 Z 型柔顺铰链的刚度计算

5.3.2 Z 型柔顺铰链放大比

由于 Z 型柔顺铰链对平台在 Z 轴上的输出位移有决定性的影响,因此有必要计算其放大比。如图 5-5 所示,有 3 个反作用力/力矩,即力矩 M、轴向力 F_x 和虚力 P,根据能量法可以得到矩阵方程,主要方程为

$$\begin{bmatrix} \dfrac{\Delta x}{2} \\ \Delta z \\ 0 \end{bmatrix} = \begin{bmatrix} f_{11} & f_{12} & f_{13} \\ f_{21} & f_{22} & f_{23} \\ f_{31} & f_{32} & f_{33} \end{bmatrix} \begin{bmatrix} F_x \\ P \\ M \end{bmatrix} \tag{5-5}$$

式中:$f_{ij}(i,j=1,2,3)$ 表示与构成 Z 型柔顺铰链的所有 3 个铰链相关联的刚度单元。

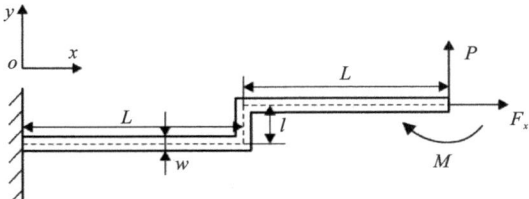

图 5-5 Z 型柔顺铰链受力

由刚度矩阵可得输出位移在 z 轴上的表达式

$$\Delta z = \frac{3\Delta x \,(l_1 + 2r)^2}{l_2{}^2 + 6(l_1 + 2r)l_2 + \dfrac{2t^2(l_1 + 2r)}{l_2}} \tag{5-6}$$

根据定义，Z 型柔顺铰链的放大比计算公式为

$$A_z = \frac{\Delta z}{\Delta x} = \frac{3\,(l_1 + 2r)^2}{l_2{}^2 + 6(l_1 + 2r)l_2 + \dfrac{2t^2(l_1 + 2r)}{l_2}} \tag{5-7}$$

单个 Z 型柔顺铰链的主要参数如表 5-1 所示，将其代入式(5-7)可得到 Z 型柔顺铰链的放大比。

表 5-1 Z 型柔顺铰链主要参数

参数	l_1	l_2	l_5	t	b	r
数值/mm	8	1.8	8	0.7	3	1.25

5.3.3 平台输出刚度

三自由度双向运动精密定位平台由 4 条运动链组成。每条链条包括 1 个桥式放大机构、1 对叶形导向机构和 1 对 Z 型柔顺铰链。此外，定位平台在同轴上是对称的。因此，只需计算 1 个支链在 x 轴和 y 轴上的输出刚度即可。

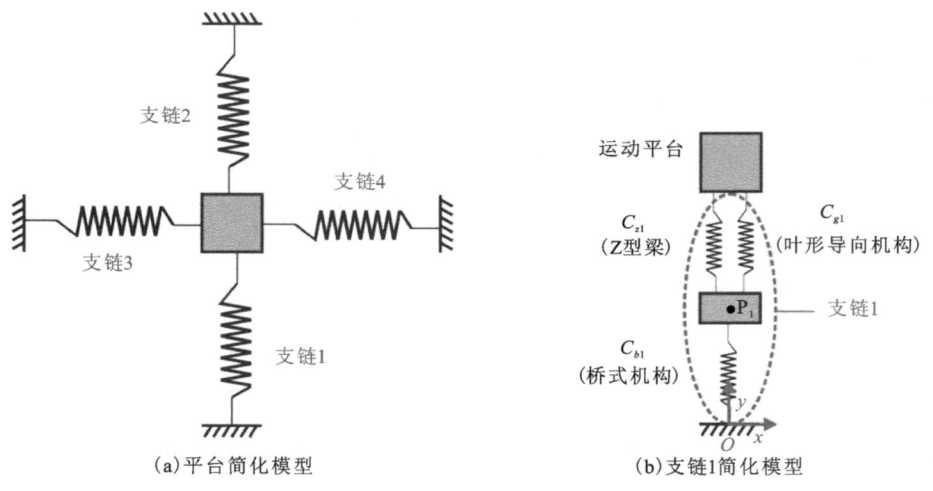

图 5-6 平台输出刚度模型

如图 5-6 所示，整个平台由 4 条链组成，分别用 1、2、3、4 标记。每条链都有相似的结构，它们是平行的。如图 5-6(b)所示，支链 1 由桥式机构、叶形导向机构和 Z 型柔顺铰链组成。桥式机构首先与叶形导向机构并联，然后与 Z 型柔顺铰链串联，最后将 Z 型柔顺铰链与移动平台连接。首先计算支链 1 的输出刚度。根据并联关系，可得桥型机构与叶形导向梁在 P_1 点的刚度

$$\boldsymbol{C}_{P1} = \left[(\boldsymbol{C}_{b1}^{P1})^{-1} + (\boldsymbol{C}_{g1}^{P1})^{-1} \right]^{-1} \tag{5-8}$$

式中：C_{b1}^{P1} 为桥式机构在 $P1$ 点的输出刚度；C_{g1}^{P1} 为叶形导向梁在 $P1$ 点的输出刚度。它们可以表示为

$$C_{b1}^{P1} = \left\{ \left(\sum_{i=1}^{4} C_{boi}^{P1}\right)^{-1} + \left[R_y(\pi)\left(\sum_{i=1}^{4} C_{boi}^{P1}\right)R_y(\pi)^T\right]^{-1} \right\}^{-1} \quad (5\text{-}9)$$

$$C_{g1}^{P1} = (C_{gl}^{P1^{-1}} + C_{gr}^{P1^{-1}})^{-1} \quad (5\text{-}10)$$

其中，C_{boi}^{P1} 为桥式机构柔顺铰链在 $P1$ 点的输出刚度；$R_y(\pi)$ 为沿 Y 轴旋转 180°的变化矩阵；$C_{gl}^{P1^{-1}}$ 和 $C_{gr}^{P1^{-1}}$ 分别为左叶形梁和右叶形梁的输出刚度。

使用柔度矩阵法计算 Z 型柔顺铰链在某一点的输出刚度已在 5.3.1 节中介绍。Z 型柔顺铰链在 $P1$ 点的刚度可表示为

$$C_z^{P1} = \left\{ \left(\sum_{i=1}^{5} A_{d_i} C_{oi}^{Z1} A_{d_i}^T\right)^{-1} + \left(\sum_{i=1}^{5} A_{d_i} C_{oi}^{Z2} A_{d_i}^T\right)^{-1} \right\}^{-1} \quad (5\text{-}11)$$

式中：C_{oi}^{Z1} 和 C_{oi}^{Z2} 分别表示 Z 型柔顺铰链在支链 1 和支链 2 局部坐标系中的刚度。

因此，得到支链 1 在 $P1$ 点的刚度

$$C_{P1}^{out} = C_{P1} + C_Z^{P1} \quad (5\text{-}12)$$

将支链 1 在 $P1$ 点的刚度换算为移动平台中心点 O

$$C_{P1}^{O} = A_{d_{P1}} C_{P1}^{out} A_{d_{P1}}^T \quad (5\text{-}13)$$

由于同轴处的支链 2 与支链 1 是对称的，因此支链 2 在 O 点的刚度可以用旋转变换矩阵求得

$$C_{P2}^{O} = R_z(\pi) C_{P1}^{O} R_z^T(\pi) \quad (5\text{-}14)$$

因此，平台沿 y 轴的刚度可表示为

$$C_o^y = [(C_{P1}^o)^{-1} + (C_{P2}^o)^{-1}]^{-1} \quad (5\text{-}15)$$

采用同样的方法，将支链 3 和支链 4 在 X 轴上的刚度转换为终端移动平台中心的 O 点。然后，所有分支链在 x 轴和 y 轴上的刚度可以叠加。最后，得到运动平台的输出刚度为

$$C_0 = [(C_o^x)^{-1} + (C_o^y)^{-1}]^{-1} \quad (5\text{-}16)$$

式中：C_o^x 和 C_o^y 分别表示机构在移动平台中心点 O 沿 x 轴和 y 轴的刚度。

5.3.4 平台输入刚度

由于平台的 4 条分支链的刚度几乎相等，因此以计算平台在 y 轴支链 1 的桥式机构处的输入刚度为例。

如图 5-7 所示，支链 2、支链 3、支链 4 可视为平行链，与支链 1 串联。首先，3 条平行链在 Ob 点的刚度可计算为

$$C_{ex-P1}^{Ob} = [(A_{d_x} C_o^x A_{d_x}^T)^{-1} + (A_{d_p} C_{P2}^o A_{d_p}^T)^{-1}]^{-1} \quad (5\text{-}17)$$

式中：A_{d_x} 为支链 3、支链 4 在 x 轴上从平台中心点 O 到输入点 Ob 的刚度变换矩阵；A_{d_p} 为平台中心点 O 到支链 2 输入点 Ob 在 y 轴上的刚度变换矩阵。

另外，支链 1 中 Z 型柔顺铰链、导向机构、桥式机构在 Ob 点处的刚度可计算为

$$C_P^{Ob} = \left\{ \left[(C_z^{Ob})^{-1} + (C_g^{Ob})^{-1} + \left(\sum_{i=5}^{8} C_{bi}^{Ob}\right)^{-1}\right]^{-1} + \sum_{i=1}^{2} C_{bi}^{Ob} \right\}^{-1} + \left(\sum_{i=3}^{4} C_{bi}^{Ob}\right)^{-1} \right\}^{-1} \quad (5\text{-}18)$$

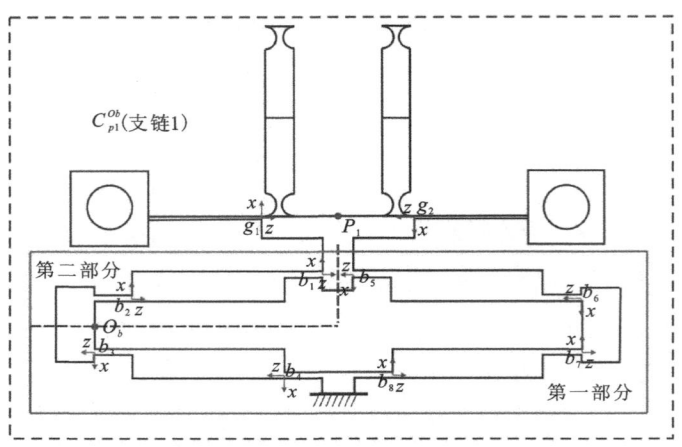

图 5-7 平台输入刚度

式中：C_z^{Ob} 和 C_g^{Ob} 分别表示 Z 型柔顺铰链从局部坐标系到 Ob 点的刚度和叶形柔顺梁从局部坐标系到 Ob 点的刚度；C_{bi}^{Ob} 表示桥式机构铰链从局部坐标系到点 Ob 的刚度。

因此，平台在 Ob 点的输入柔度可表示为

$$C_{\text{in}} = C_{ex-P}^{Ob} + C_P^{Ob} \tag{5-19}$$

5.3.5 平台运动特性分析

本节主要讨论平台的输入位移和平台各机构的输出位移之间的关系。由于平台在 x 轴和 y 轴上的运动特性几乎相等，因此以 x 轴为例分析其运动特性。

平台 x 轴上运动特性的等效刚体及受力示意图如图 5-8 所示。将 x 轴上的柔顺铰链视为弹簧，y 轴上的 Z 形柔顺铰链也视为弹簧。在这种情况下，其中一个驱动器或两个驱动器可以在 x 轴上驱动。

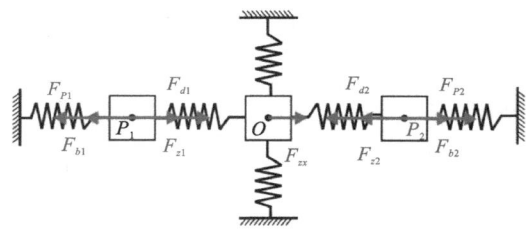

图 5-8 x 轴上的等效刚体模型

首先，本节将讨论仅驱动左驱动器的情况。根据能量守恒原理可得

$$\frac{1}{2}F_{P1}X_{bl}^{\text{out}} = \frac{1}{2}K_g X_{bl}^{\text{out}2} + \frac{1}{2}K_z(X_{bl}^{\text{out}} - X_{\text{out}})^2 + \frac{1}{2}K_z^x X_{\text{out}}^2 + \frac{1}{2}K_g X_r^2 + \\ \frac{1}{2}K_b X_r^2 + \frac{1}{2}K_z(X_{\text{out}} - X_r)^2 + \frac{1}{2}K_z^y Z_{\text{out}}^2 \tag{5-20}$$

式中：F_{P1} 为桥式机构输出等效驱动力；X_{bl}^{out} 为左侧桥式机构的输出位移；K_g 为叶形导梁刚度；K_z 为 Z 型柔顺铰链沿 x 轴的刚度；K_z^x 为 Z 型柔顺铰链沿 y 轴运动方向的刚度；X_{out} 为运

第 5 章　基于 Z 型柔顺铰链的三自由度双向运动精密定位平台设计

动平台在 x 轴方向上的位移；X_r 为右侧桥式机构的位移；K_b 为桥式机构刚度；K_z^y 和 Z_out 分别为平台 z 轴刚度和运动平台 z 轴输出位移。上述机构的刚度可用柔度矩阵法计算。

此外，为了得到参数 F_{P1} 和 X_{bl}^out，还需要对图 5-9 所示的桥式机构进行单独分析。

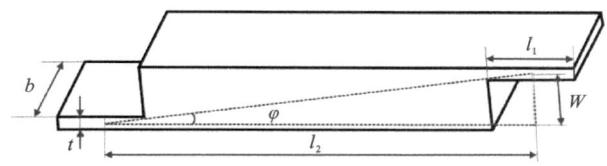

图 5-9　桥式机构

首先计算桥式机构的放大比。Xu 和 Li(2011)通过考虑柔铰刚度，对桥式机构的放大比进行了精确建模。本书采用这种建模方法计算桥式机构的放大比。

$$A_b = \frac{K_t l_2^2 \cos^3\varphi \sin\varphi}{2K_r + K_t l_2^2 \cos^2\varphi \sin^2\varphi} \tag{5-21}$$

式中：K_t 和 K_r 分别为柔顺铰链的平移刚度和转动刚度；l_2 为四分之一桥式机构两个铰链之间的直线距离；φ 为两个铰链之间的直线与水平线之间的夹角。

桥式机构主要参数如表 5-2 所示，因此，F_{P1} 可以表示为

表 5-2　桥式机构主要参数

参数	l_1	l_2	l_5	w	t
数值/mm	5	25	2.8	8	0.8

$$F_{P1} = X_b K_b = A_b X_\text{in} K_b \tag{5-22}$$

式中：X_in 为桥式机构的输入位移。

当桥式机构与外部结构连接时，其输出位移为

$$X_{bl}^\text{out} = \frac{X_b K_b}{K_b + K_\text{exb}} = \frac{A_b X_\text{in} K_b}{K_b + K_\text{exb}} \tag{5-23}$$

式中：K_exb 为 P1 点平台除左侧桥式机构外所有其他机构的刚度。

此外，还可以得到运动平台沿 z 方向的输出位移为

$$Z_\text{out} = A_z (X_{bl}^\text{out} - X_r) \tag{5-24}$$

根据 x 轴方向的力平衡原理，可得

$$\begin{aligned} F_b^\text{out} &= F_{gl} + F_{zl} + F_z^x + F_{gr} + F_{br} + F_{zr} \\ &= K_g X_{bl}^\text{out} + K_z (X_{bl}^\text{out} - X_\text{out}) + K_z^x X_\text{out} + K_g X_r + K_b X_r + K_z (X_\text{out} - X_r) \end{aligned} \tag{5-25}$$

式中：F_{gl} 为左叶形导梁反力；F_{zl} 为左 Z 型柔顺铰链反力；F_z^x 为 Z 型柔顺铰链在 y 轴上的反力；F_{gr} 为右叶形导梁反力；F_{br} 为右桥机构反力；F_{zr} 为右 Z 型柔顺铰链反力。

结合式(5-20)和式(5-25)，可求出 X_out 和 X_r

$$\begin{cases} X_\text{out} = 6.47 X_\text{inl} \\ X_r = 6.17 X_\text{inl} \end{cases} \tag{5-26}$$

式中：X_inl 为左侧单桥式机构的输入位移。

其次，讨论了在 x 轴上驱动两个驱动器的情况。在这种情况下，桥式机构沿 x 轴两侧的输出处存在等效的驱动力。力平衡关系为

$$F_{pl} - F_{pr} = (F_b^r + F_g^l + F_z^l + F_z^x) - (F_b^l + F_g^r + F_z^r) \tag{5-27}$$

式中：F_{pl} 和 F_{pr} 分别为驱动器两侧桥式机构输出处的等效驱动力，它们可以表示为

$$\begin{cases} F_{pl} = K_b A_b X_{\text{inl}}^{\text{ideal}} \\ F_{pr} = K_b A_b X_{\text{inr}}^{\text{ideal}} \end{cases} \tag{5-28}$$

其中，A_b 为单桥式机构的放大比；$X_{\text{inl}}^{\text{ideal}}$ 和 $X_{\text{inr}}^{\text{ideal}}$ 分别为左、右两边的单桥式机构的理想输入位移。

当与其他机构连接并施加外力时，桥式机构的输入位移为实际输入位移 $X_{\text{in}}^{\text{real}}$。实际输入位移 $X_{\text{in}}^{\text{real}}$ 与理想输入位移 $X_{\text{in}}^{\text{ideal}}$ 之间的关系可以表示为

$$X_{\text{in}}^{\text{real}} = X_{\text{in}}^{\text{ideal}} - X' \tag{5-29}$$

式中：X' 为桥式机构受外力作用时的输入端位移。

因此，式(5-27)可进一步写成

$$K_b A_b (X_{\text{inl}}^{\text{real}} + X_r' - X_{\text{inr}}^{\text{real}} - X_l') = [K_b X_{bl}^{\text{out}'} + K_g X_{bl}^{\text{out}'} + K_z (X_{bl}^{\text{out}'} - X_{\text{out}'})] + K_z^x X_{\text{out}}'] - [K_b X_{br}^{\text{out}'} + K_g X_{br}^{\text{out}'} + K_z (X_{br}^{\text{out}'} - X_{\text{out}'})] \tag{5-30}$$

式中：$X_{bl}^{\text{out}'}$ 和 $X_{br}^{\text{out}'}$ 分别表示左、右桥式机构输出端在 x 轴上的位移；$X_{\text{out}'}$ 表示移动平台沿 x 轴方向的输出位移。

$X_{bl}^{\text{out}'}$ 和 $X_{br}^{\text{out}'}$ 可通过以下方式获得。

$$\begin{cases} X_{bl}^{\text{out}'} = X_{bl}^{\text{out}} - X_{bl}(\text{inr}) \\ X_{br}^{\text{out}'} = X_{br}^{\text{out}} - X_{br}(\text{inl}) \end{cases} \tag{5-31}$$

式中：$X_{bl}(\text{inr})$ 为对右侧施加外力时，左侧桥式机构的输出端位移；$X_{br}(\text{inl})$ 为对左侧施加外力时，右侧桥式机构的输出端位移。

因此可得运动平台沿 x 轴方向的位移与左、右两侧实际输入位置 $X_{\text{inl}}^{\text{real}}$ 和 $X_{\text{inr}}^{\text{real}}$ 之间的关系为

$$X_{\text{out}'} = 3.03(X_{\text{inl}}^{\text{real}} - X_{\text{inr}}^{\text{real}}) \tag{5-32}$$

同时，也可由两侧桥式机构的输出位移计算出沿 z 轴方向的输出位移

$$Z_{\text{out}'} = A_z(X_{bl}^{\text{out}'} + X_{br}^{\text{out}'}) \tag{5-33}$$

5.4 平台动力学建模与分析

动力学建模主要是对平台的固有频率进行分析，采用集中质量法分析平台的固有频率。移动平台输出端的 x、y、z 定义为广义坐标 $\mu[x,y,z]$。系统的拉格朗日方程可表示为

$$\frac{\text{d}}{\text{d}t}\left(\frac{\partial T}{\partial \dot{u}}\right) - \frac{\partial T}{\partial u} + \frac{\partial U}{\partial u} = F \tag{5-34}$$

系统总动能 T 的公式为

$$T = \frac{1}{2}(M_x \dot{x}^2 + M_y \dot{y}^2 + M_z \dot{z}^2) \tag{5-35}$$

式中：M_x、M_y 和 M_z 分别表示沿 x 轴、y 轴、z 轴方向的等效质量。

由于 x 和 y 轴方向几乎对称,可以认为 $M_x=M_y$。另外,输出位移 x 由沿 x 轴方向的左侧输入位移 X_{inl} 和右侧输入位移 X_{inr} 决定。输出位移 y 由沿 y 轴方向的上侧输入位移 Y_{inu} 和下侧输入位移 Y_{ind} 决定。输出位移 Z 由所有 4 个输入位移决定。系统的势能为

$$V = \frac{1}{2}K_{xl}X_{inl}^2 + \frac{1}{2}K_{xr}X_{inl}^2 + \frac{1}{2}K_{yu}Y_{inu}^2 + \frac{1}{2}K_{yd}Y_{ind}^2 \tag{5-36}$$

式中:K_{xl}、K_{xr} 分别为左、右两桥式机构沿 x 轴的输入刚度;K_{yu} 和 K_{yd} 分别为上、下两侧桥式机构沿 y 轴的输入刚度。

机构无阻尼振动方程为

$$M_i \dot{u} + K_i u = F (i = x, y, z) \tag{5-37}$$

进一步推导出固有频率方程为

$$f = \frac{1}{2\pi}\sqrt{\frac{K_i}{M_i}}(i = x, y, z) \tag{5-38}$$

5.5 有限元分析与讨论

利用 ANSYS 软件对该平台的性能进行了有限元分析。在有限元分析中,平台材料选用 Al7075-T6,其主要性能如表 5-3 所示。使用 Al7075-T6 的原因是其密度低,$\frac{\sigma_s}{E}$ 值较大(其中 σ_s 为屈服强度,E 为杨氏模量),使其具有重量轻、性能好、弹性高等优点。

表 5-3 Al7075-T6 的各项主要参数

参数	杨氏模量/MPa	泊松比	密度/(kg·m^{-2})	屈服强度/MPa
数值	$7.1×10^4$	0.33	2810	505

此外,该平台采用 ANSYS 中的自动网格划分方法,网格尺寸为 0.5mm。图 5-10(a)显示了平台的网格划分。此外,图 5-10(b)显示最大应力为 440MPa,低于 505MPa,即 Al7075-T6 的屈服应力。当桥式机构 x 轴方向两侧各施加 40μm 的输入位移时,产生最大应力。它出现在连接 Z 型柔顺铰链和移动平台的半圆形缺口铰链上。

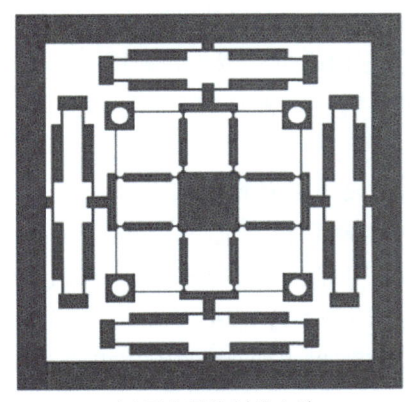
(a)平台网格划分方法
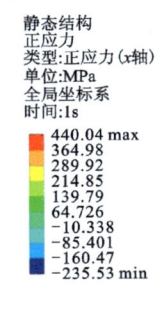
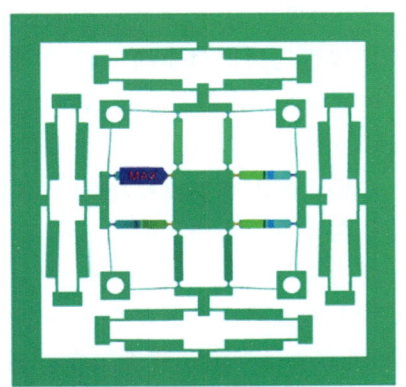
(b)最大应力

图 5-10 网格划分方法和最大应力

图 5-11 显示了平台沿 x 轴、y 轴、z 轴的总变形。如果平台需要沿着 x 轴或 y 轴移动,则输入位移应该施加在 x 轴或 y 轴的桥式机构之一上;同时,最大输入位移为 $20\mu m$。如图 5-11(a)~(d)所示,沿 x 轴或 y 轴仅对其中一个桥式机构施加 $20\mu m$ 的输入位移时,在 ANSYS 中利用探针函数来检测各自由度的位移。移动平台沿 x 轴正、负方向的最大位移分别为 $125.34\mu m$ 和 $125.81\mu m$。沿 y 轴正负方向的最大位移分别为 $126.19\mu m$ 和 $126.54\mu m$。如图 5-11(e)、(f)所示,如果平台需要沿 z 轴移动,则应在 x 轴或 y 轴上的桥式机构两侧施加输入位移。同时,两侧最大输入位移均为 $40\mu m$。z 轴上的最大正位移为 $566.03\mu m$,最大负位移为 $570.86\mu m$。

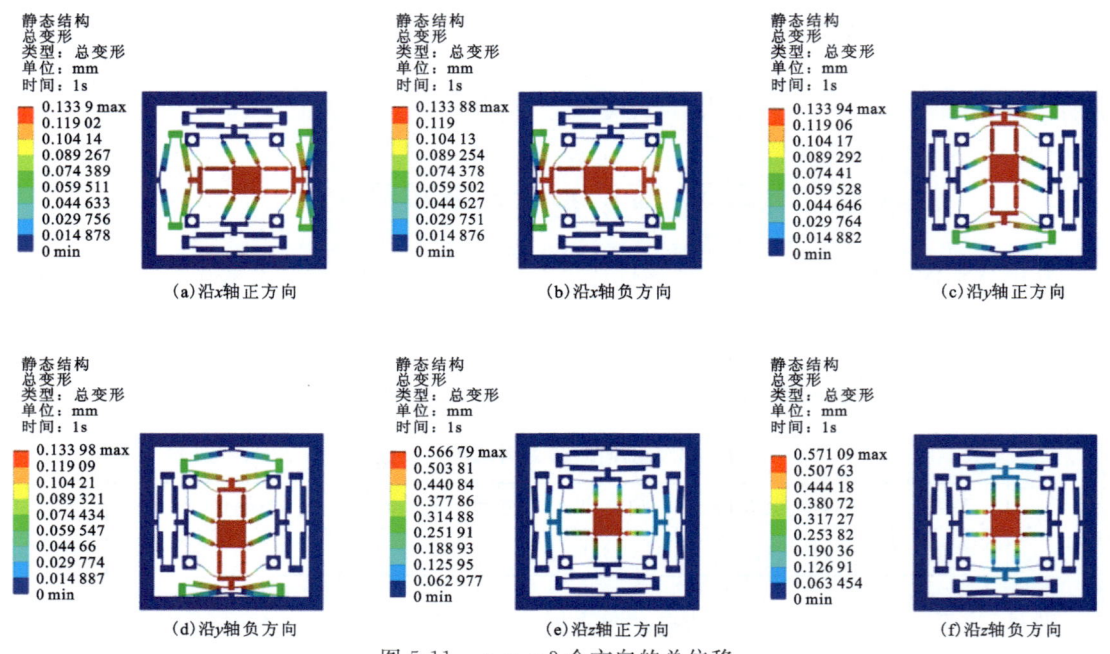

图 5-11 x、y、z 3 个方向的总位移

图 5-12 为分别通过理论分析和有限元计算得到的输入位移与输出位移的关系。$P1$ 为左桥式机构输出位移,X_{out} 为移动平台沿 x 轴输出位移,Z_{out} 为移动平台沿 z 轴输出位移。由图 5-12(b)可以看出,桥式机构的放大比比图 5-12(a)中的情况要小。这是因为沿 x 轴方向的两个桥式机构被同时驱动时,机构受到的外力较大,这将使它们的位移减小。利用 ANSYS 对平台的前 6 种模态进行了仿真。如图 5-13 所示,前 3 个固有频率分别为 $247.26\,\mathrm{Hz}$、$270.18\,\mathrm{Hz}$ 和 $271.69\,\mathrm{Hz}$,可以满足本平台的需求。

对输入刚度和输出刚度进行有限元模拟,理论分析与仿真结果对比如表 5-4 所示。有限元分析与理论分析模型的输入刚度误差仅为 10.71%。输出刚度在 x 轴、y 轴和 z 轴上的误差分别为 5.52%、5.52% 和 3.88%。这些误差很小,足以说明理论分析是正确的。输出刚度在 z 轴上的误差比在 x 轴和 y 轴上的误差要大。这主要是因为柔度矩阵法不考虑铰链的大变形,且在 z 轴上的位移大于在 x 轴和 y 轴上的位移。仿真结果表明,本章中所提出的三自由度 XYZ 双向平台是有效的。

第 5 章 基于 Z 型柔顺铰链的三自由度双向运动精密定位平台设计

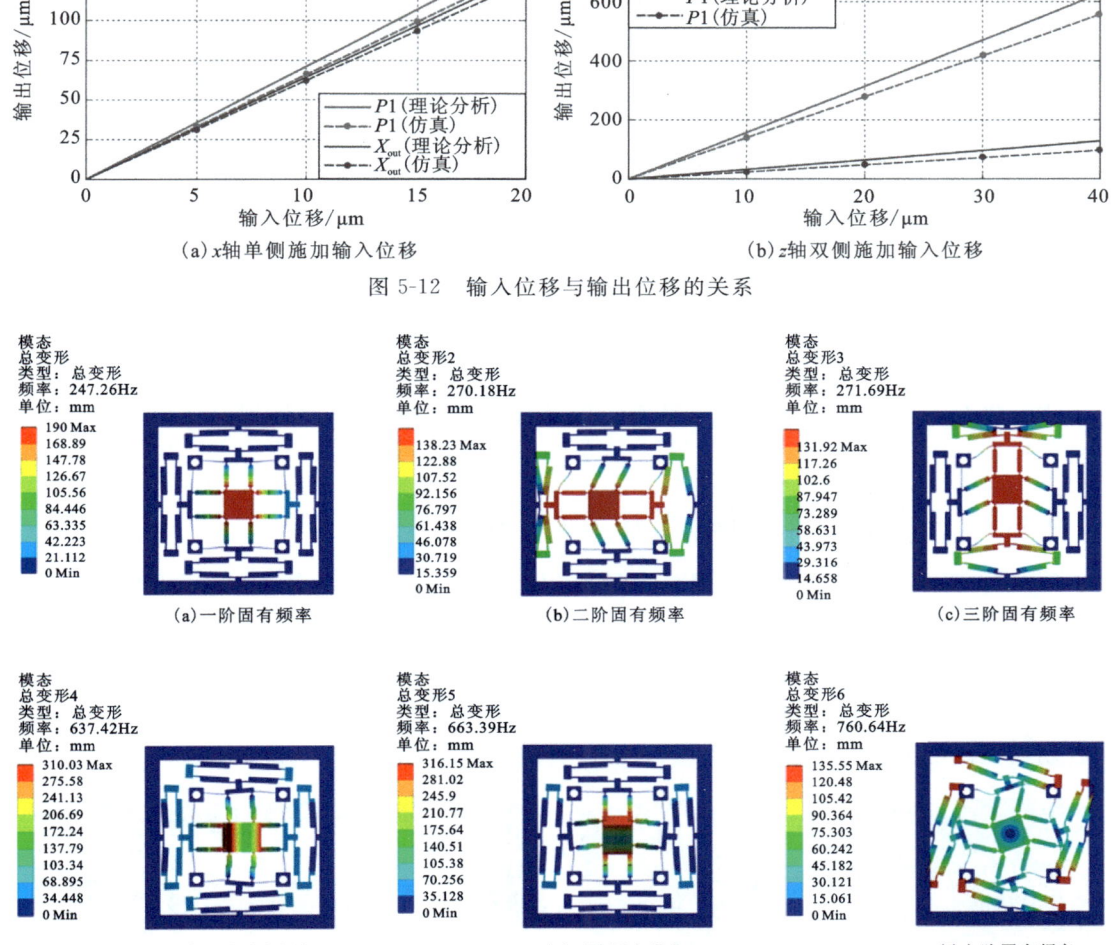

图 5-12 输入位移与输出位移的关系

图 5-13 平台的前 6 个固有频率

表 5-4 有限元仿真与理论分析的比较

方法	输入刚度	输出刚度
理论分析/(N·μm^{-1})	10.85	x:1.53;y:1.53;z:1.29
有限元仿真/(N·μm^{-1})	9.80	x:1.45;y:1.45;z:1.34
误差/%	10.71	x:5.52;y:5.52;z:3.88

表 5-5 显示了该平台与几个类似规模的典型 XYZ 平台之间的比较。可以发现,在 x 轴和 y 轴尺寸相近的情况下,该平台的 z 轴尺寸是最小的(除 Xie 等(2021)所提情况外);可在 z 轴上提供 1mm 的大行程(包括正、负方向);在 X、Y、Z 的每个自由度上都可以产生相对于原点的正、负双向运动。

表 5-5 三自由度 XYZ 平台的比较

平台	输入位移/μm	工作空间/μm	尺寸/mm	双向运动
Tang 等（2017）	36/36/36	10.39/15.43/15.55	228/158/84	无
Zhang 和 Xu（2016）	12.5/12.5/12.5	±72.8/±72.8/113.6	132.9/132.9/10	x 和 y 方向
Xie 等（2021）	60/60/60	56/±29.7/265.62	145/145/6	y 方向
Tian 等（2020）	15/15/15	128.1/131.3/17.9	134/134/27	无
本章中的平台	40/40/40	±128.58/±126.37/±568.45	130.6/130.6/9	x、y 和 z 方向

5.6 平台实验测试

本节将对设计的 XYZ 双向运动精密定位平台进行实验测试，验证理论分析和仿真结果的准确性和可靠性。

5.6.1 平台输入-输出位移特性实验测试

图 5-14 所示为实验测试的原理图。在进行输入-输出位移实验测试时，所用到的实验设备包括 XYZ 双向运动精密定位平台、压电驱动器、隔震台、图像采集系统、dSPACE、压电控制器和计算机等。精密定位平台采用 Al7075-T6 制造，加工方式为数控机床加工。驱动器采用型号为 PSt150/7/60VS12 的堆叠式压电驱动器，测距装置采用光学测距仪器。同时，利用压电控制器控制给予压电驱动器的电压，从而使其产生相应的位移。

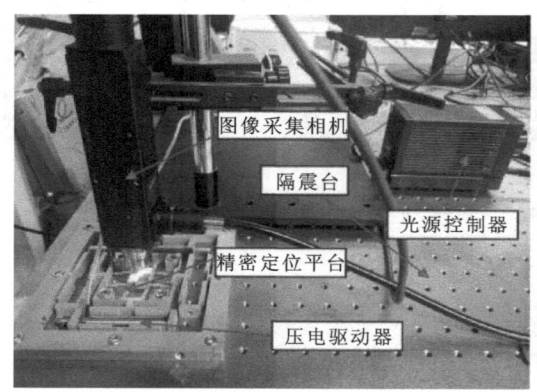
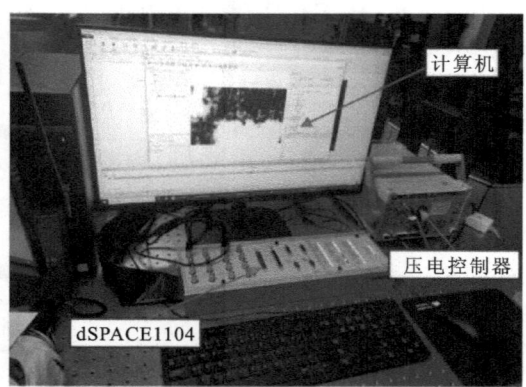

图 5-14 实验测试原理图

在进行平台输入-输出位移关系实验测试时，在 x 轴、y 轴分别给压电驱动器施加 20V、40V、60V、80V、100V、110V 的电压，使其产生相应的输入位移，然后利用图像采集跟踪平台产生的位移，并根据代码计算的数据换算出平台实际位移。同样，在驱动 z 方向进行运动时，在同轴的两侧分别施加依次递增的电压，使其产生相应位移，并计算末端平台输出位移。将精密定位平台 x、y、z 三轴相应电压下的输入位移与输出位移的结果在坐标系中表现出来，并用曲线进行拟合。

图 5-15 为 XYZ 双向运动精密定位平台在进行实验测试中,在 3 轴上的输入-输出位移关系。在每个轴上都测试了 20V、40V、60V、80V、100V、110V 共 6 组数据,得到的数据用离散点标记在坐标轴上,然后通过近似拟合,其拟合直线的斜率即为平台在实验测试过程中的位移放大比。因此,理论分析、仿真分析和实验测试在 x、y、z 三轴上的放大比可以通过表 5-6 列出。

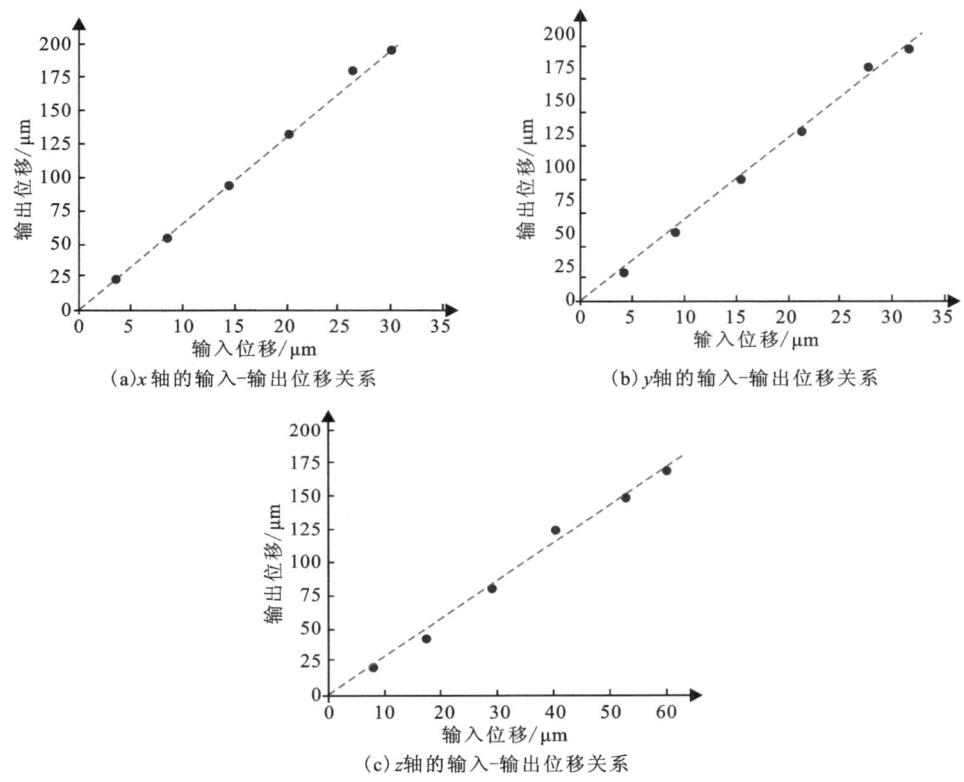

图 5-15 平台 x、y、z 3 轴实验测试的输入-输出位移关系

表 5-6 精密定位平台 3 轴放大比结果对比

	x 轴放大比	y 轴放大比	z 轴放大比
理论值	8.42	8.42	4.02
仿真值	7.62	7.62	3.66
实验值	6.51	6.49	2.80
误差(实验-理论)/%	22.7	22.9	30.3

由表 5-6 可知,理论值与仿真值的放大比相对误差都较小,而与实验值之间的误差较大,其中有很多的因素会导致平台测试的实验值与理论值差距较大,误差分析将会在后面的小节进行讨论。

5.6.2 平台输出刚度测试

XYZ双向运动精密定位平台不仅要求具有大行程的运动,还要求一定的刚度。因此,需要对精密定位平台的刚度进行实验测试。如图5-16所示,通过砝码悬重施加重力,测试运动平台所产生的位移,以此计算精密定位平台的输出刚度。

本测试在 x 轴和 y 轴分别悬挂质量为700g的砝码,利用图像采集的方法测量对应的位移,在实验过程中反复将砝码完全提起然后隔若干秒再轻轻悬置,重复数个周期后结束采集,就可以得到一组周期性的位移数据,对比这几个周期内的位移变化量,取较为接近的几组数据进行求和平均,然后通过刚度计算公式求得 x 轴与 y 轴的输出刚度。在 z 轴上的刚度测试则通过将砝码放置于末端平台上,然后通过图像采集,重复与 x 轴、y 轴类似的操作,结果如表5-7所示。

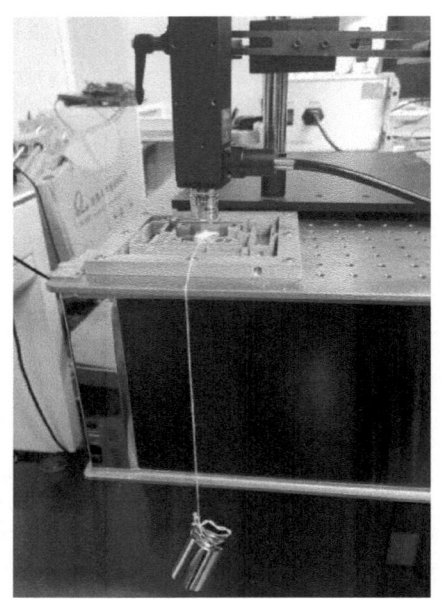

图5-16 平台刚度测试

表5-7 精密定位平台三轴输出刚度结果对比

	x 轴输出刚度	y 轴输出刚度	z 轴输出刚度
理论值/(N·μm^{-1})	1.53	1.53	1.29
实验值/(N·μm^{-1})	1.85	1.87	1.69
误差(实验-理论)/%	17.4	18.1	23.5

通过以上的方法可以求得 x 轴、y 轴、z 轴在悬置或放置700g砝码时各轴的平均位移量分别为 $3.78\mu m$、$3.74\mu m$、$4.14\mu m$,刚度分别为 $1.85N/\mu m$、$1.87N/\mu m$、$1.69N/\mu m$。与理论刚度值相比,误差分别为17.4%、18.1%、23.5%。

由于输入刚度的实验测试在本实验中的操作较为困难,因此暂时不对精密定位平台的输入刚度进行测试。但通过输出刚度可以看出,实验值与理论值的误差也在一定的合理范围内。

5.6.3 误差来源与减小误差方法

1. 误差来源

在基于Z型柔顺铰链的精密定位平台中,理论计算、有限元仿真和实验测试结果之间存在着一定的误差,误差来源与理论计算模型、仿真设置、实物本身等都存在一定的关系。

一方面是理论计算模型与仿真分析的误差。首先,在理论计算的过程中,精密定位平台的刚度是通过柔度矩阵法进行计算的,而柔度矩阵只考虑平台中各个铰链的柔度,不考虑其他刚体的变形,因此会产生一定误差;其次,在 x 轴与 y 轴的主位移计算时,未考虑精密定位平台产生的寄生位移,将 Z 型柔顺铰链等效成刚体进行计算,这也会产生一定的计算误差;最后,在计算固有频率时,部分柔顺铰链的质量未被考虑在其中,且在求解过程中所用到的放大比公式也会影响固有频率的计算结果,这部分也存在一定的误差。有限元仿真方面也存在一定的误差。有限元仿真分析的网格划分、加载条件、边界条件都对结果产生一定的影响。

另一方面是精密定位平台在实物测试中的误差。首先,平台是采用数控机床进行加工的,加工精度为 0.02mm,但在加工过程中存在一定的加工误差,而平台安装时也会产生一定的误差;其次,驱动器与图像采集拍照设备的软硬件也会存在一定的误差,并且压电驱动器存在的迟滞非线性等现象也会对误差产生影响;然后,实验的场景并不是完全静止的,外界环境会产生一定的震动,隔震台无法完全隔绝外界震动的干扰;最后,在实验测试的操作过程中也会产生一定的误差,尤其是在测量刚度的过程中,砝码的连接线不是通过滑轮进行连接的,连接线与平台的中心轴并不能保证完全重合,线与平台之间的平行度也存在误差等,这些都会对最终的实验结果产生影响。

2. 减小误差的方法

减小误差的方法可以根据误差来源进行分析。因此可以分别从理论建模、有限元仿真和实验测试 3 部分减小误差。首先,在理论建模方面,在进行平台平面两轴行程的模型计算时,将 Z 型柔顺铰链的弯曲变形考虑在其中可以提高模型精度,也可以提高固有频率计算的精度;其次,在有限元仿真方面,可以运用性能更好的计算机对平台的网格进行更细地划分,达到网格无关性的标准,也可以提高计算的精度;最后,在实验测试中,可以利用电火花线切割的方法提高加工精度,并采用更高精度的驱动器和传感系统,在更安静的场合进行实验以减小外界震动的干扰等,也可以减小误差。

5.7 本章小节

本章提出了一种新型的基于 Z 型柔顺铰链的三自由度 XYZ 精密定位平台。该平台可以通过 4 个压电陶瓷驱动器实现相对于原点在 x 轴、y 轴和 z 轴上的双向运动。采用桥式机构和 Z 型柔顺铰链,可获得大行程,特别是在平台的 z 轴上。随后,利用能量法、柔度矩阵、力平衡原理和能量守恒原理对平台进行静力学与运动学分析。

然后,进行了有限元仿真,验证了分析模型的正确性和开发阶段。仿真结果表明,平台沿 x 轴、y 轴、z 轴的平均行程分别为 $\pm 125.58\mu m$、$\pm 126.37\mu m$、$\pm 568.45\mu m$。它的前 3 个固有频率分别是 247.26Hz、270.18Hz、271.69Hz。总之,本章中开发的平台具有结构紧凑,行程大,在 X、Y、Z 3 轴均可双向运动等优点。

最后,还对 XYZ 双向运动精密定位平台进行了样机加工与实验测试,对平台 3 轴上的输入-输出位移关系进行了测试,得到平台的实验测试放大比,与理论值有一定的差距,这是由多种因素叠加引起的。对平台的 3 轴输出刚度进行了测试,实验结果与理论值之间的误差在合理范围内。总体来说,实验测试在一定程度上验证了理论分析与仿真分析的合理性,也证明了平台的合理性。

主要参考文献

CHEN F,DONG W,YANG M,et al.,2019. A PZT actuated 6-DOF positioning system for space optics alignment[J]. IEEE/ASME Transactions on Mechatronics,24:2827-2838.

CHOI K B,LEE J,KIM G,et al.,2020. Design and analysis of a flexure-based parallel XY stage driven by differential piezo forces[J]. International Journal of Precison Engineering and Manufacturing,21:1547-1561.

GHAFARIAN M,SHIRINZADEH B,AL-JODAH A,et al.,2020. An XYZ micromanipulator for precise positioning applications[J]. Journal of Micro-Bio Robotics,16:53-63.

GOZEN B A,OZDOGANLAR O B,2012. Design and evaluation of a mechanical nanomanufacturing system for nanomilling[J]. Precision Engineering,36(1):19-30.

GU G Y,ZHU L M,SU C Y,et al.,2014. Modeling and control of piezo-actuated nanopositioning stages:A survey[J]. IEEE Transactions on Automation Science and Engineering,13(1):313-332.

GUAN C,ZHU Y,2010. An electrothermal microactuator with Z-shaped beams[J]. Journal of Micromechanics and Microengineering,20(8):085014.

HAO G,KONG X,2012. Design and modeling of a large-range modular XYZ compliant parallel manipulator using identical spatial modules[J]. Journal of Mechanismas and Robotics,4:021009.

JOSHI R S,MITRA A C,KANDHARKAR S R,2017. Design and analysis of compliant micro-gripper using pseudo rigid body model (PRBM)[J]. Materials Today:Proceedings,4(2):1701-1707.

KOSEKI Y,TANIKAWA T,KOYACHI N,et al.,2002. Kinematic analysis of a translational 3-dof micro-parallel mechanism using the matrix method[J]. Advanced Robotics,16(3):251-264.

LEE H J,WOO S,PARK J,et al.,2018. Compact compliant parallel XY nano-positioning stage with high dynamic performance,small crosstalk,and small yaw motion[J]. Microsystem Technologies,24:2653-2662.

LI M,LIU L,XI N,et al.,2014. Progress in measuring biophysical properties of membrane proteins with AFM single-molecule force spectroscopy[J]. Chinese Science bulletin,59:2717-2725.

LI Y, WU Z, 2016. Design, analysis and simulation of a novel 3DOF translational micromanipulator based on the PRB model[J]. Mechanism and Machine Theory, 100: 235-258.

LING M, CAO J, JIANG Z, et al., 2019. Optimal design of a piezo-actuated 2DOF millimeter-range monolithic flexure mechanism with a pseudo-static model[J]. Mechanical Systems and Signal Processing, 115: 120-131.

LING M, CAO J, LI Q, et al., 2018. Design, pseudostatic model, and PVDF-based motion sensing of a piezo-actuated XYZ flexure manipulator[J]. IEEE/ASME Transactions on Mechatronics, 23: 2837-2848.

LV B, WANG G, LI B, et al., 2018. Research on a 3DOF motion device based on the flexible mechanism driven by the piezoelectric actuators[J]. Micromachines, 9: 578.

MAEDA Y, IWASAKI M, 2012. Initial friction compensation using rheology-based rolling friction model in fast and precise positioning[J]. IEEE Transactions on Industrial Electronics, 60(9): 3865-3876.

MIYAKE S, WANG M, KIM J, 2014. Silicon nanofabrication by atomic force microscopy-based mechanical processing[J]. Journal of Nanotechnology, 2014: 1-19.

PHAM H H, CHEN I M, 2005. Stiffness modeling of flexure parallel mechanism[J]. Precision Engineering, 29(4): 467-478.

SHINNO H, YOSHIOKA H, TANIGUCHI K, 2007. A newly developed linear motor-driven aerostatic XY planar motion table system for nano-machining[J]. CIRP Annals, 56(1): 369-372.

SI G, SUN L, ZHANG Z, et al., 2021. Design, fabrication, and testing of a novel 3D 3-fingered electrothermal microgripper withmultiple degrees of freedom[J]. Micromachines, 12: 444.

TANG C, ZHANG M, CAO G, 2017. Design and testing of a novel flexure-based 3-degree-of-freedom elliptical micro/nano-positioning motion stage[J]. Advances in Mechanical Engineering, 9(10): 1687814017725248.

TIAN Y, MA Y, WANG F, et al., 2020. A novel XYZ micro/nano positioner with an amplifier based on L-shape levers and half-bridge structure[J]. Sensors Actuators A: Physical, 302: 111777.

WANG F, HUO Z, LIANG C, et al., 2018. A novel actuator-internal micro/nano positioning stage with an arch-shape bridge-type amplifier[J]. IEEE Transactions on Industrial Electronics, 66: 9161-9172.

WANG G, WANG Y, LV B, et al., 2020. Research on a new type of rigid-flexible coupling 3DOF micro-positioning platform[J]. Micromachines, 11: 1015.

WU Z, XU Q, 2018. Survey on recent designs of compliant micro-/nano-positioning stages[J]. Actuators, 7(1): 5.

XIAO R, SHAO S, XU M, et al. , 2019. Design and analysis of a novel piezo-actuated XYqz micropositioning mechanism with large travel and kinematic decoupling[J]. Advances in Materials Science and Engineering,2019:1-15.

XIE Y, LI Y, CHEUNG C F, et al. , 2021. Design and analysis of a novel compact XYZ parallel precision positioning stage[J]. Microsystem Technologies,27:1925-1932.

XU Q, LI Y, 2011. Analytical modeling, optimization and testing of a compound bridge-type compliant displacement amplifier[J]. Mechanism and Machine Theory,46:183-200.

YONG Y, MOHEIMANI S R, KENTON B J, et al. , 2012. Invited review article: high-speed flexure-guided nanopositioning: Mechanicaldesign and control issues[J]. Review of Scientific instruments,83:121101.

ZHANG X, XU Q, 2018. Design and testing of a new 3DOF spatial flexure parallel micropositioning stage[J]. International Journal of Precision Engineering and Manufacturing, 19:109-118.

ZHANG X, XU Q, 2019. Design and testing of a novel 2DOF compound constant-force parallel gripper[J]. Precision Engineering,56:53-61.

ZHU W L, YANG S, JU B F, et al. , 2015. On-machine measurement of a slow slide servo diamond-machined 3D microstructure with a curved substrate[J]. Measurement Science and Technology,26(7):075003.

ZHU W L, ZHU Z, GUO P, et al. , 2018. A novel hybrid actuation mechanism based XY nanopositioning stage with totally decoupled kinematics[J]. Mechanical Systems and Signal Processing,99:747-759.

ZHU Z, TO S, ZHU W L, et al. , 2017. Optimum design of a piezo-actuated triaxial compliant mechanism for nanocutting[J]. IEEE Transactions on Industrial Electronics,65: 6362-6371.

ZHU Z, ZHOU X, LIU Z, et al. , 2014. Development of a piezoelectrically actuated two-degree-of-freedom fast tool servo with decoupled motions for micro-/nanomachining[J]. Precision Engineering,38(4):809-820.

第6章 基于柔顺机构的双行程纯转动精密定位平台设计

6.1 引　言

近年来,微机电系统(MEMS)(Schmitt and Hoffmann,2020)、精密光学(Gebhardt et al.,2015)、生物医学(Solepatil and Deore,2021)等微操作领域快速发展,精密定位平台作为该领域的基础支撑技术,已逐渐成为一个研究热点。根据高精度的操作环境要求,精密定位平台往往需具备微米级运动行程和纳米级分辨率。传统的刚性运动副和杆件所构成的刚性运动机构由于存在运动间隙、装配误差和摩擦损耗等问题,往往难以满足高精密定位平台的设计要求。在精微操作领域,被操作对象往往体积较小且对外界作用力十分敏感。传统刚性操作机构往往具有相对较大的刚度,对操作力的控制不够精细,因此很容易对操作对象造成破坏。面对复杂的作业环境和较高的任务需求,精密定位平台必须具有很好的环境兼容性,而传统刚性机构由于机构运动副的存在,与环境的兼容性不够理想。新的操作需求给机构学发展带来了很大的挑战,而新的需求也不断催生出新的技术,柔顺机构由此诞生,柔顺机构的提出和研究在很大程度上解决了上述矛盾。柔顺机构的概念和主要研究内容最早由美国著名学者Howell于2001年编撰在 *Compliant Mechanisms* 一书中,柔顺机构是通过柔顺铰链的变形来传递运动和力的一种新型机构,采用一体成型,加工和安装过程简单,不需要润滑,无运动副配合,无摩擦,容易实现高精度运动。此后,国内外学者纷纷针对柔顺机构开展了一系列的基础研究和拓展设计,基于柔顺机构进行精密定位平台设计,经过多年发展,成果斐然,目前已经成为精密定位系统研究的重要一环,并被广泛应用到扫描探针显微镜(Necipoglu,2011)、航空航天(Zhou et al.,2008)、生物微操作(Wang and Xu,2018)等各类精密操作领域。

近年来,有不少柔顺精密定位平台被设计出来,而其中大部分是专注于平动自由度的柔顺精密定位平台设计,包含转动自由度的柔顺精密定位平台设计所占比例较少,即使在柔顺精密定位平台中包含了转动自由度,但其主要的优化设计对象仍然是平动自由度。然而,在实际的科学研究和生产生活中,越来越多的高精度操作场景对转动运动提出了要求,如扫描探针显微镜(Cai et al.,2010)、纳米压印技术(Fesperman and Ozturk,2012)、激光卫星通信(Chen et al.,2019;Chen et al.,2020)等。举例来说,空间中卫星间的通信需要依靠激光来进行信号的传递,这一过程需要信号发射卫星的光源经激光发射器中的精瞄偏转镜反射,并精准打到另一个卫星的激光接收器上,对于信号传输距离超长的空间卫星来说,精瞄偏转镜高的转动精度是至关重要的。由此,设计包含转动自由度的二自由度或多自由度柔顺精密定位平台成为精密定位平台设计研究的一个重要方向。

包含转动自由度的柔顺精密定位平台设计与研究主要关注大转角和运动解耦两个方面的平台转动性能。一方面，压电陶瓷驱动器驱动行程有限，只靠压电陶瓷的输入，难以获得柔顺精密定位平台的目标行程，这时需要在介于柔顺精密定位平台输入和输出端之间的传递机构部分加入位移放大机构。经过多年发展，已初步形成了以杠杆放大机构(Hua et al.，2017；Tian et al.，2009)、桥式放大机构(Xu and Li，2011；Pan et al.，2019)、SR 机构(Scott-Russell mechanism)(Hricko and Havlik，2019)等为主的柔顺放大机构。将柔顺放大机构变形并合理布置在柔顺转动平台中，即可有效增大柔顺转动平台的输出转角。由于柔顺精密定位平台驱动器的行程和分辨率是一定的，当平台的输出行程被放大之后，就会导致平台分辨率的下降。解决这一矛盾的一个有效方法是采用"宏微结合"的思想，搭建双行程的柔顺转动平台，以大行程平台和小行程平台嵌套的方式，兼顾柔顺精密定位平台的大行程和相对高分辨率。另一方面，为简化柔顺精密定位系统的控制器设计，在柔顺精密定位平台设计中，往往需要考虑不同自由度之间运动的解耦，对于柔顺转动平台来说，即需要考虑转动自由度的解耦。在一般的柔顺精密定位平台设计中，运动的解耦常常通过嵌套结构(田俊和张宪民，2009)或平行四边形机构(Hao and Yu，2016；Wu and Hao，2020)的加入来实现。而在包含转动自由度的柔顺精密定位平台设计中，由于平台结构和自由度的复杂性，转动自由度的解耦往往难以实现。只包含转动自由度的柔顺纯转动平台的设计能够在很大程度上简化转动自由度的解耦问题，但由于驱动、机构设计和加工装配带来的不对称性，柔顺纯转动平台的设计同样是柔顺精密定位平台设计中的一个难点。

随着各类微操作应用场景对转动运动的需求不断增强，国内外学者设计研究了从单自由度到多自由度的一些柔顺转动平台。Clark 等(2015)设计了一个包含 1 个平动自由度和 1 个转动自由度的二自由度柔顺精密定位平台，该平台在 X 自由度上的最大行程是 $10.31\mu m$，在 θ 自由度上的最大转角是 $535.80\mu rad$。Hwang 等(2011)提出了一个面内 XYθ 柔顺精密定位平台，该平台在 X/Y 方向上的平动最大行程是 $58.00\mu m$，在 θ 自由度上的最大转角是 1.05mrad。Hu 等(2008)提出了一个新型的六自由度转动平台，该平台设计融合压电驱动和紧凑的结构布置方式，其 3 个转动自由度的最大转角分别是 0.93mrad、0.95mrad、3.10mrad。当前的柔顺精密定位平台设计大多集中于平动自由度的设计研究，重点关注柔顺转动平台的设计研究所占比例较少。

为了提高柔顺转动平台的整体性能，拓宽柔顺转动平台应用范围，国内外学者设计了一系列大行程柔顺转动平台。Clark 等(2021)提出了一个由压电陶瓷驱动的柔顺转动平台设计，该平台采用杠杆机构和桥式放大机构混合的方式放大转动行程，平台最大的转动角度可以达到 2.54mrad。Al-Jodah 等(2021)设计了一个大行程的三自由度柔顺精密定位平台，该平台由 3 个音圈电机驱动，3 个自由度的最大转动角度可以达到 66.29mrad。Chen 等(2019)提出了一个新型的大行程柔顺转动平台，该平台由 4 个音圈电机驱动，其 2 个转动自由度的最大转角分别为 83.18mrad 和 82.26mrad。Xu(2015)设计了大行程柔顺转动平台，该平台由音圈电机驱动,机构设计采用新型的放射状多级复合平行铰链设计,最大输出转角可以达到 10.953mrad。当前,关于大行程柔顺转动平台的设计较少,大部分具备相对较大行程的柔顺转动平台设计采用音圈电机驱动。尽管有部分的大行程柔顺转动平台设计,但由于平台的驱动位移和分辨率是一定的,在放大行程的同时,平台的分辨率会相应地有所降低,大部分现有柔顺精密定位平台难以兼顾大行程和高分辨率。

为简化柔顺精密定位系统的控制器设计,在柔顺转动平台设计中,往往需要考虑运动的解耦,国内外学者针对这一问题开展研究,设计出了一些能够实现运动解耦的纯转动平台。Lee 等(2012)设计了一种纯转动精密扫描台,该平台设计结合了圆弧形铰链和叶形铰链,由两个对称布置的压电陶瓷驱动器驱动。Liang 等(2020)提出了一个二自由度纯转动平台设计,平台两个转动自由度分别由两个压电陶瓷驱动器驱动,实验结果表明,所设计平台绕 X 轴和 Y 轴的最大转动角度分别为 2.04mrad 和 2.12mrad。Clark 等(2016)提出的柔顺转动平台通过采用旋转对称构型设计和单个压电陶瓷驱动,实现了近乎纯转动的效果,但该平台的结构设计有一定的缺陷,不利于其在实际中的应用。当柔顺转动平台由两个或以上的驱动器驱动时,由于驱动器之间不可能完全保持同步,无耦合误差的纯转动平台难以实现。当前关于柔顺转动平台解耦的研究少之又少,即使有个别相关研究,其解耦的效果也往往不尽如人意,或者其实现解耦的机构过于复杂。目前,关于柔顺转动平台解耦的研究是柔顺转动平台设计中的难点。

为解决前面总结的相关领域面临的问题,迎合相关行业发展需求,本章以基于柔顺机构的双行程纯转动精密定位平台设计为目标,综合进行双行程设计、运动解耦的纯转动设计和柔顺转动平台的整体结构设计,根据所设计的平台构型,进行运动学建模和静力学建模,并以提升柔顺精密定位平台的整体性能为目标,进行柔顺精密定位平台尺寸的优化设计,最后对优化设计的柔顺精密定位平台进行仿真分析,评价柔顺精密定位平台的整体性能。

6.2 双行程纯转动精密定位平台结构设计

从理论上来说,实现一个转动精密定位平台无耦合的纯转动运动,需要所加载的力偶中心点与转动平台中心点重合,这样方能使转动精密定位平台绕平台中心点转动,且平台中心点不发生偏移。在传统的刚性机构中,曲柄滑块机构具备这样的潜在属性。图 6-1(a)中所展示的正是刚性的曲柄滑块机构,它由 3 个杆件、3 个转动副和 1 个移动副组成,能够实现不同运动的转换,将平动转换为转动。不同于其他的转动机构,曲柄滑块机构的特别之处在于,其平动输入所在直线恰巧可以过转动运动的中心点。

对曲柄滑块机构进行对称布置,即可得到如图 6-1(b)所示的双曲柄滑块机构。双曲柄滑块机构保留了曲柄滑块机构的独特性,当在其两端对称输入一对力作用线过中心杆件中点的作用力,中心杆件即会产生绕中点的纯转动运动。这一运动特性恰好满足了纯转动机构的设计需求。

为利用柔顺机构一体成型、无摩擦、无运动间隙等优点,搭建基于柔顺机构的纯转动精密

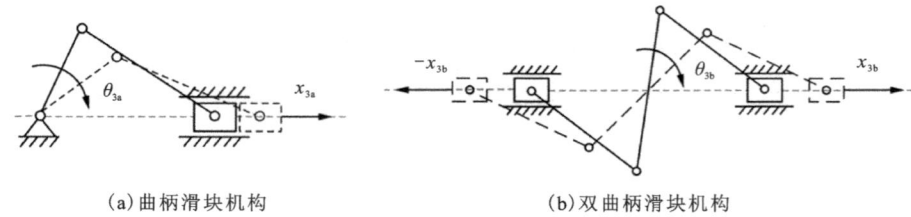

(a)曲柄滑块机构　　　　　　　　(b)双曲柄滑块机构

图 6-1　刚性纯转动机构原型

定位平台,我们需要在刚性转动机构原型的基础上,设计柔顺的纯转动机构。铰链替代法是利用柔顺铰链替代传统刚性机构的刚性运动副,进而得到柔顺机构的一种便捷方法,是柔顺机构设计中最常用的方法。本章利用铰链替代法对刚性纯转动机构进行柔顺化设计。根据铰链替代法中所采用的铰链类型不同,设计所得的柔顺纯转动机构也有所不同。图 6-2(a)中的柔顺纯转动机构设计是采用集中柔度式设计得到的正圆缺口型铰链纯转动机构(RMCNHs);图 6-2(b)中的柔顺纯转动机构设计是采用分布柔度式设计得到的柔顺梁纯转动机构(RMFBs)。RMCNHs 中所采用的正圆缺口型铰链较小,运动精度高,在运动学研究中可近似视为刚性运动副,由此赋予了 RMCNHs 高输出(θ_{4a})-输入($2x_{4a}$)比的特点。RMFBs 所采用的柔顺梁铰链细且长,柔度相对于机构其他位置更大,在运动过程中变形较大且不集中,由此使得 RMFBs 尺寸更加紧凑,但输出(θ_{4b})-输入($2x_{4b}$)比偏低。综合比较 RMCNHs 和 RMFBs,RMCNHs 因其更高的输出效率,更适合应用在要求大输出转角的柔顺精密定位平台设计中;RMFBs 因其紧凑的尺寸和较低的输出效率,更适合应用在要求高精度的柔顺精密定位平台设计中。

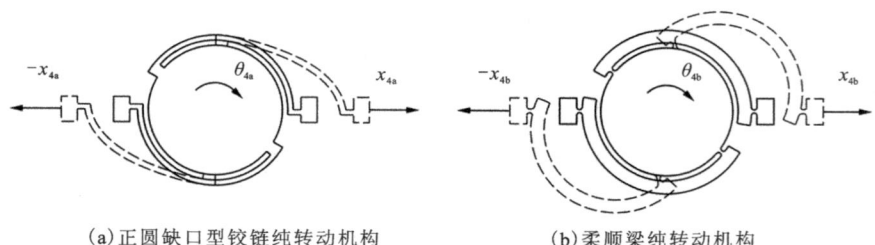

(a)正圆缺口型铰链纯转动机构　　　　　　(b)柔顺梁纯转动机构

图 6-2　柔顺纯转动机构

根据柔顺精密定位平台的双行程设计目标,在柔顺纯转动机构设计的基础上,进行了平台结构设计,如图 6-3 所示。平台结构设计采用了上述得到的柔顺纯转动机构作为核心组成部分,采用多层和嵌套结构,整体包括"四圈-三层"(4C-3L),接下来进行详细介绍。

为了实现双行程设计,采用内外嵌套结构,将大行程转动机构和小行程转动机构串联,构成大-小结合、粗-精结合的柔顺精密定位平台输出层设计,如图 6-3(c)所示。图中柔顺精密定位平台输出层包含"四圈",其中第四圈(C4)为平台固定端,通过螺栓将平台固定在实验台上;第三圈(C3)为由 RMCNHs 改良来的大行程转动机构,由杆件、柔顺铰链等组成,承担着双行程设计中的大行程转动运动;第二圈(C2)为连接机构,承担着连接平台不同层及串联大小行程转动机构的任务;第一圈(C1)为小行程转动机构,由运动平台、柔顺铰链等组成,提供

第 6 章 基于柔顺机构的双行程纯转动精密定位平台设计

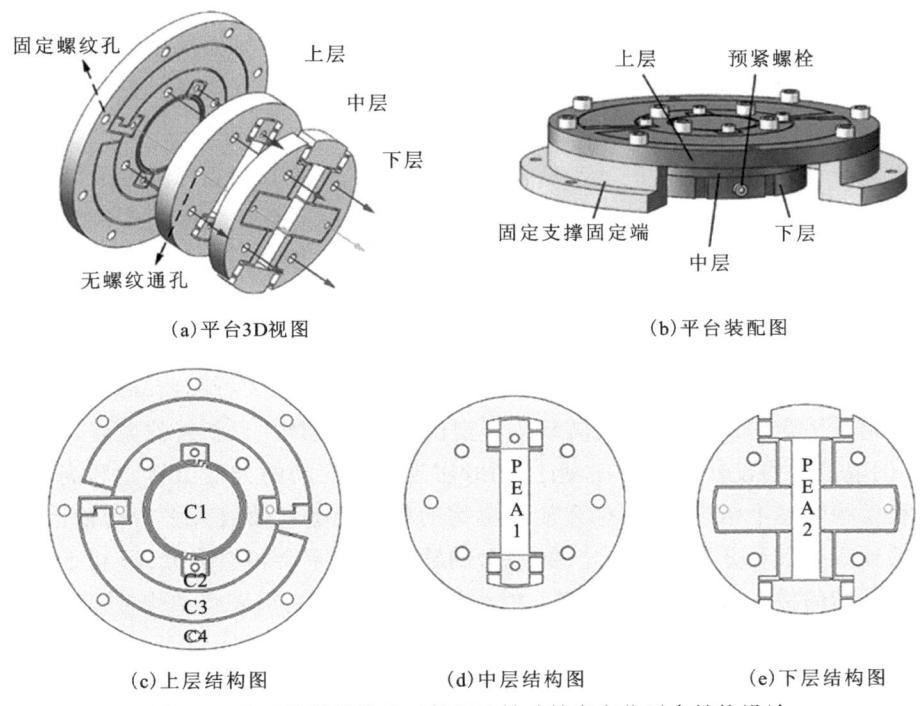

图 6-3 基于柔顺机构的双行程纯转动精密定位平台结构设计

了双行程设计中的精微转动运动。

在进行柔顺精密定位平台结构设计时,需要考虑的因素较多。一方面,由于所设计的柔顺纯转动机构 RMCNHs 和 RMFBs 均需要在两个输入端对称输入,才能实现纯转动运动,所以在平台结构设计中,需要选择能够两端对称输入的封装压电陶瓷叠堆作为输入,并使其中心在柔顺纯转动机构中心所在的竖直线上。另一方面,由于大小行程转动机构串联布置的关系,在同一平面内难以按上述要求布置压电陶瓷驱动器,故在设计时,选择输入-输出分层的设计,如图 6-3 所示。整个柔顺精密定位平台的上层为平台输出层,主要的平台运动机构和运动平台都集中在这一层;中层为小行程转动机构输入层,为小行程转动机构的运动提供驱动;下层为大行程转动机构的输入层,主要支持大行程转动机构的运动。如图 6-3(a)所示,柔顺精密定位平台 3 层的固定端通过相应螺纹孔,用螺栓进行连接;大小行程转动机构输入点与他们相应的驱动机构输出点之间分别通过相应的螺纹孔,用螺栓进行连接。

在一个柔顺精密定位平台中,包含了许多承担主要变形任务的柔顺铰链,铰链的选型与平台的性能和后续建模、仿真、加工起着决定性的作用。本章将根据平台不同位置的性能需求对铰链进行选型设计,以最大限度地满足平台的设计目标。目前的柔顺机构设计中,常用的柔顺铰链包括集中柔度式铰链和分布柔度式铰链。集中柔度式铰链包括正圆缺口型、椭圆缺口型、直角缺口型、抛物线型、双曲线型等,正圆缺口型铰链和直角缺口型铰链是最常使用的集中柔度式铰链,且关于这两类铰链的刚度建模理论相对成熟。为便于建模和分析,本章将采用正圆缺口型铰链和直角缺口型铰链作为柔顺精密定位平台的铰链。

正圆缺口型铰链具备运动精度高的特点,但其运动灵活度较低;直角缺口型铰链具备较高的运动灵活度,但运动精度相对较低。为使柔顺精密定位平台运动更加精准可控,平台设计选择正圆缺口型铰链作为主要发生转动部分的铰链。为满足驱动层中平动运动的设计需求,平台设计利用直角缺口型铰链运动灵活度高的特点,选择由直角缺口型铰链组合而成的平行四边形机构作为驱动层的平动铰链,具体结构如图 6-3 所示。

基于上述设计理论,双行程纯转动精密定位平台的结构设计特点可总结为以下 5 点。

(1)融合柔顺位移放大机构,设计大行程转动精密定位平台。已有的柔顺精密定位平台设计为大行程柔顺机构设计提供了一系列位移放大思路,主要的位移放大机构包含桥式放大机构、杠杆放大机构、SR 机构等,这些位移放大机构在平动柔顺精密定位平台上已经被广泛应用,但位移放大机构在转动柔顺精密定位平台设计中的应用较少。对传统位移放大机构进行变形设计,将其基本原理应用在柔顺转动平台的设计中,构建大行程转动精密定位平台,将为柔顺精密定位平台的设计,特别是转动精密定位平台的设计注入新鲜的血液。

(2)借助嵌套结构设计和双行程设计,同时实现转动运动的大输出转角和高分辨率。在进行大行程柔顺转动平台设计时,位移放大机构的应用能够有效放大平台的输出转角,但由于驱动器的输入行程和分辨率是一定的,平台的输出分辨率会相应降低,不利于柔顺精密定位平台整体性能的提升。结构设计借鉴"宏微结合"的思想,利用嵌套结构进行双行程平台设计,能够很好地兼顾柔顺精密定位平台的大行程和高分辨率,有利于提升柔顺转动平台的性能水平,拓宽柔顺转动平台的应用场景,为解决精密定位操作中的大行程和高分辨率之间的矛盾贡献新的设计案例。

(3)通过对称结构设计和对称输入布置,实现纯转动设计。为简化柔顺精密定位系统的控制器设计,在柔顺转动平台的设计中,需要考虑运动的解耦,进行纯转动平台的设计。而当柔顺转动平台由两个或以上的驱动器驱动时,由于驱动器之间不可能完全保持同步,无耦合误差的纯转动平台难以实现。在柔顺精密定位平台中采用创新的搭建方法,以实现运动自由度之间的解耦,并采用单压电陶瓷驱动器驱动和特殊的转动机构设计,使得单个输入控制单个自由度的输出能够有效降低柔顺精密定位平台后续的系统控制设计成本。

(4)依托分层设计,合理布置柔顺精密定位平台的结构。本章节柔顺精密定位平台包含了大行程转动机构、小行程转动机构、驱动机构、放大机构等,容量较多,且为了实现纯转动,驱动器的布置需要满足特别的要求,这些情况大大增加了平台整体的体量,提高了平台整体布置的复杂性。为解决这一棘手的问题,在柔顺精密定位平台设计中特采用分层设计,将平台的驱动和输出结构分为上、中、下 3 层,将平台输出结构分为里外 4 层。这样的设计不仅合理布置了不同模块,使平台各部分有序运作,让柔顺精密定位平台结构图清晰易懂;还有效降低了平台的面内面积,使平台设计更加紧凑,大大提高了柔顺精密定位平台的空间利用率。

(5)巧用圆形设计和对称设计,提升柔顺精密定位平台价值。与传统的柔顺精密定位平台设计不同,柔顺精密定位平台设计从整体轮廓,到转动机构局部,再到柔顺铰链本身,都采用了圆形轮廓设计和对称设计。这一设计不仅有利于机构完成相应的运动动作,还在一定程度上减小了柔顺精密定位平台的体积和质量,提升了平台的动态性能,降低了平台的加工和制造成本。此外,圆弧形与柔顺转动平台所执行的转动运动相呼应,还赋予了平台更高的美学和艺术价值。

6.3 双行程纯转动精密定位平台分析建模

柔顺精密定位平台的分析建模是定量评估平台性能参数的主要方法,同时也是平台优化设计的重要依据。国内外学者针对柔顺精密定位平台的分析建模开展了一系列研究。目前,主要的柔顺精密定位平台建模内容包括运动学建模、静力学建模和动力学建模等,其中运动学建模和静力学建模描述平台的输入-输出规律和刚度特性,是评估和优化平台性能的重要手段;动力学建模主要用来评价平台的稳定性,不作为主要的建模内容。主要的建模方法包括几何法、刚度(柔度)矩阵法、伪刚体模型法、椭圆积分法等(王子毅,2015),其中微分方程法计算相对复杂,在建模中往往不是优先选择。

根据已提出的柔顺精密定位平台结构设计,进行平台的运动学和静力学建模。由于柔顺精密定位平台采用大行程转动机构和小行程转动机构嵌套结构实现双行程设计,为简化建模过程,本章的建模将所设计的柔顺精密定位平台拆分开来,分别对大行程转动机构和小行程转动机构进行分析建模。

6.3.1 大行程转动机构建模

为了更加直观地认识本章所提出的柔顺精密定位平台的结构,便于后续建模工作的开展,对平台上、中、下3层的结构进行了简化展示,如图6-4所示,柔顺精密定位平台整体被转换为刚性杆件和运动副的形式。图中的结构包含30个运动副,其中,运动副$c,d,e,f,q,r,s,t,y,z,za,zb$代表正圆缺口型铰链;$g,h,i,j,k,l,m,n,o,p,u,v,w,x,zc,zd$代表直角缺口型铰链。如图6-4(b)所示,为了展示机构的运动特性,特把直角缺口型铰链表示为2个转动副和1个杆件的形式,但在静力学分析中,依然把直角缺口型铰链视作一个独立的整体,利用直角缺口型铰链的柔度矩阵来进行分析。如图6-4(a)所示,为了展示机构的运动特性,特把图6-3(c)中的两个圆弧形柔顺梁转换为铰链a,b的形式,这一转换的依据是Venkiteswaran和Su于2016年提出的一类伪刚体模型,两个圆弧形柔顺梁的后续静力学分析将利用该模型进行展开。

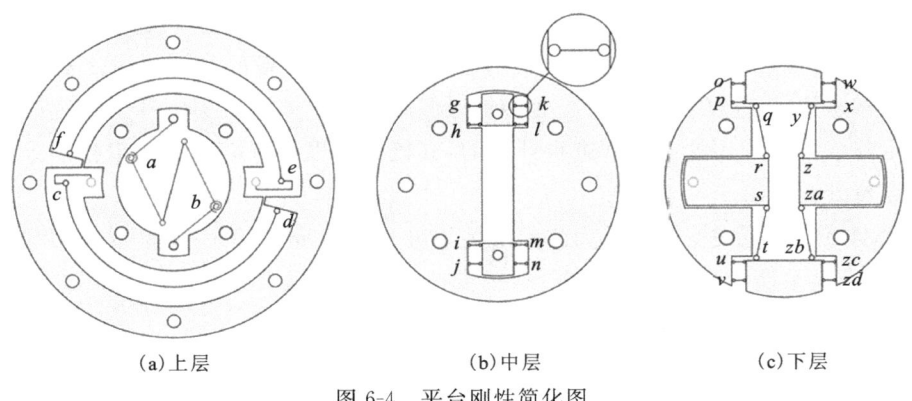

图 6-4 平台刚性简化图

因为大行程转动机构是中心对称的结构,所以在进行分析建模时,只需对大行程转动机构的一半进行建模即可。将大行程转动机构的一半进行简化,可以得到如图 6-5 所示的模型示意图。图 6-5 中,点 O_{0l},$M_0(M_1)$ 分别表示图 6-4 中运动副 d 和运动副 c 所在的位置。图 6-4(a)中的圆弧形杆件 dc 被简化为图 6-5 中的 $O_{0l}M_0(O_{0l}M_1)$,其等效长度为 l_l,$O_{0l}M_0$ 和 $O_{0l}M_1$ 分别表示大行程转动机构变形前和变形后圆弧形杆件的等效位置。

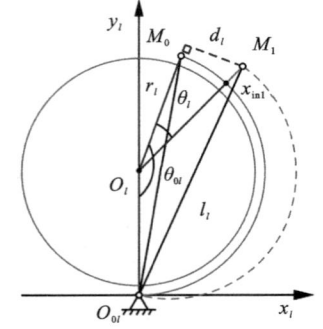

图 6-5 大行程转动机构模型

在图 6-5 大行程转动机构的运动学模型中,杆末端的初始坐标 $M_0(x_{M_0}, y_{M_0})$ 可以表示为

$$\begin{cases} x_{M_0} = r_l \sin\theta_{0l} \\ y_{M_0} = r_l - r_l \cos\theta_{0l} \end{cases} \tag{6-1}$$

式中:r_l 表示杆的等效半径;θ_{0l} 表示杆所对应的圆心角。

结合 O_{0l} 的坐标,杆的等效长度 $l_l = \sqrt{x_{M_0}^2 + y_{M_0}^2}$。杆末端变形后位置坐标 $M_1(x_{M_1}, y_{M_1})$ 满足下面一组等式。

$$\begin{cases} x_{M_1}^2 + y_{M_1}^2 = l_l^2 \\ x_{M_1}^2 + (y_{M_1} - r_l)^2 = (r_l + x_{\text{inl}})^2 \end{cases} \tag{6-2}$$

则从 M_1 到直线 M_0O_l 的距离可以表示为

$$d_l = \frac{|(y_{M_0} - r_l)x_{M_1} - x_{M_0}y_{M_1} + x_{M_0}r_l|}{\sqrt{(y_{M_0} - r_l)^2 + (-x_{M_0})^2}} \tag{6-3}$$

由此,大行程转动机构的输出转角可以表示为

$$\theta_l = \arcsin \frac{d_l}{r_l + x_{\text{inl}}} = \arcsin \frac{d_l}{r_l + \frac{x_{\text{PEA2}} r_{\text{amp}}}{2}} \tag{6-4}$$

式中:x_{PEA2} 表示下层压电陶瓷驱动器的输入位移;r_{amp} 表示下层结构中桥式放大机构的放大比。

柔度矩阵法是计算柔顺机构任一点处力与位移关系的一种十分便捷的方法(Howell,2001)。根据线弹性理论,一个机构的总变形量等于这个机构各部分变形量之和,也就是说,对于柔顺机构来说,一个柔顺机构的总变形量近似等于这个柔顺机构中各个铰链的变形量之和。柔度矩阵法正是利用这一原理进行计算的,其核心思想是将柔顺机构中各部分的柔度集中到目标点位处。

利用柔度矩阵法生成变形与受力之间的关系分为 3 个步骤:第一步是生成柔顺铰链的柔度矩阵;第二步是柔度矩阵的坐标变换;第三步是根据串并联关系对柔度矩阵进行求和。下面的静态建模是按照这些步骤进行的。

根据材料力学的知识,柔顺机构中的力与变形满足

第 6 章 基于柔顺机构的双行程纯转动精密定位平台设计

$$\begin{bmatrix} \theta_x \\ \theta_y \\ \theta_z \\ \delta_x \\ \delta_y \\ \delta_z \end{bmatrix} = \boldsymbol{X} = \boldsymbol{CF} = \begin{bmatrix} c_{11} & & & & c_{15} & \\ & c_{22} & & c_{24} & & \\ & & c_{33} & & & \\ & c_{42} & & c_{44} & & \\ c_{51} & & & & c_{55} & \\ & & & & & c_{66} \end{bmatrix} \begin{bmatrix} M_x \\ M_y \\ M_z \\ F_x \\ F_y \\ F_z \end{bmatrix} \tag{6-5}$$

式中:$\boldsymbol{X}$、$\boldsymbol{C}$、$\boldsymbol{F}$分别代表位移矩阵、柔度矩阵、载荷矩阵。

要求取铰链在局部坐标系下的柔度矩阵,就需要根据铰链在局部坐标系下的位移矩阵和载荷矩阵来确定柔度矩阵里的各元素值。作为一项基础研究,国内外学者关于各种类型铰链柔度矩阵的研究已经取得了一系列成果,几种常用柔顺铰链的柔度矩阵相关研究已经相当成熟。对于图 6-6 所示的正圆缺口型柔顺铰链和直角缺口型柔顺铰链,它们的柔度矩阵各元素值可以表示为表 6-1 所示形式。

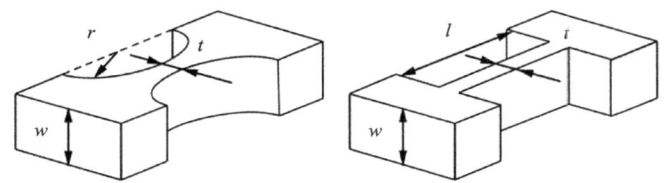

图 6-6 正圆缺口型铰链和直角缺口型铰链的主要参数示意图

表 6-1 正圆缺口型柔顺铰链和直角缺口型柔顺铰链柔度矩阵各元素值

	正圆缺口型铰链	直角缺口型铰链
c_{11}	$\dfrac{9\pi r^{5/2}}{2Ewt^{5/2}} + \dfrac{1}{Gb}\left(-\dfrac{2+\pi}{2} + \pi\sqrt{\dfrac{r}{t}}\right)$	$\dfrac{l}{EI_x}$
c_{15}	$\dfrac{9\pi r^{3/2}}{2Ewt^{5/2}}$	$-\dfrac{l^2}{2EI_x}$
c_{22}	$\dfrac{12\pi r^2}{Ew^3}\left(-\dfrac{1}{4} + \sqrt{\dfrac{r}{t}}\right) + \dfrac{1}{Gw}\left(-\dfrac{2+\pi}{2} + \pi\sqrt{\dfrac{r}{t}}\right)$	$\dfrac{l}{EI_y}$
c_{24}	$\dfrac{12r}{Ew^3}\left(-\dfrac{2+\pi}{2} + \pi\sqrt{\dfrac{r}{t}}\right)$	$\dfrac{l^2}{2EI_y}$
c_{33}	$\dfrac{1}{Ew}\left(-\dfrac{2+\pi}{2} + \pi\sqrt{\dfrac{r}{t}}\right)$	$\dfrac{l}{GJ}$
c_{42}	$\dfrac{12r}{Ew^3}\left(-\dfrac{2+\pi}{2} + \pi\sqrt{\dfrac{r}{t}}\right)$	$\dfrac{l^2}{2EI_y}$
c_{44}	$\dfrac{12}{Ew^3}\left[\pi\left(\dfrac{r}{t}\right)^{1/2} - \dfrac{2+\pi}{2}\right]$	$\dfrac{l^3}{3EI_y}$
c_{51}	$\dfrac{9\pi r^{3/2}}{2Ewt^{5/2}}$	$-\dfrac{l^2}{2EI_x}$
c_{55}	$\dfrac{9\pi r^{1/2}}{2Ewt^{5/2}}$	$\dfrac{l^3}{3EI_x}$
c_{66}	$\dfrac{3\pi r^{1/2}}{8\lambda Gwt^{5/2}}$	$\dfrac{l}{EA}$

对局部坐标系下的柔度矩阵进行坐标转换，需要借助伴随矩阵 A_d

$$A_d = \begin{bmatrix} R & 0 \\ \hat{t}R & R \end{bmatrix} \quad (6-6)$$

式中：R 表示坐标旋转矩阵；$\hat{t}$ 表示由坐标变换向量 t 定义的反对称矩阵，$\hat{t}$ 可以写为

$$\hat{t} = \begin{bmatrix} 0 & -z & y \\ z & 0 & -x \\ -y & x & 0 \end{bmatrix} \quad (6-7)$$

在得到了铰链在局部坐标系下的柔度矩阵和从局部坐标系到参考坐标系的坐标转换矩阵之后，柔度矩阵的转换可以表示为

$$C' = A_d C A_d^T \quad (6-8)$$

大行程转动机构静力学模型的建模是利用柔度矩阵法进行的。在分析过程中，把大行程转动机构和大行程转动机构的驱动机构视为一个整体，综合进行分析。图 6-7 中展示的正是大行程转动机构静力学分析图。

根据柔度矩阵法计算方法，为了计算大行程转动机构的输入刚度，图 6-7 中 20 个铰链需要计算其局部坐标系下的柔度矩阵，将局部坐标系下的柔度矩阵转换到 P 点处参考坐标系下的柔度矩阵，再根据串并联关系，将参考坐标系下各柔顺铰链的柔度矩阵求和。根据式(6-5)和表 6-1，图 6-7 中所有柔顺铰链在局部坐标系下的柔度矩阵可以表示为

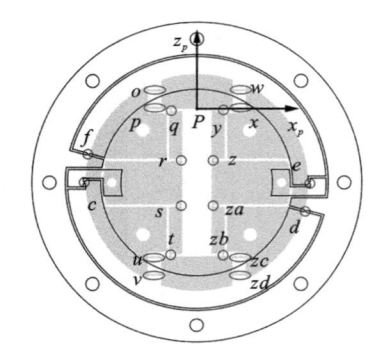

图 6-7 大行程转动机构静力学分析图

$$C_{l(o,p,u,v,w,x,zc,zd)} = C_{cir}, C_{l(c,d,e,f,q,r,s,t,y,z,za,zb)} = C_{ang} \quad (6-9)$$

式中：C_l 表示大行程转动机构中柔顺铰链的柔度矩阵；C_{cir} 和 C_{ang} 分别表示正圆缺口型铰链的柔度矩阵和直角缺口型铰链的柔度矩阵。

根据式(6-6)～式(6-8)，20 个铰链的柔度矩阵从局部坐标系转换到参考坐标系下，可以表示为

$$C_{l(c,\cdots,f,o,\cdots,zd)P} = A_{d_{l(c,\cdots,f,o,\cdots,zd)}} C_{l(c,\cdots,f,o,\cdots,zd)} A_{d_{l(c,\cdots,f,o,\cdots,zd)}}^T \quad (6-10)$$

根据串并联关系，P 点处大行程转动机构的输入柔度矩阵可以表示为

$$C_{in-large} = [(C_{lqP} + C_{lrP} + C_{lyP} + C_{lzP})^{-1} + (C_{lsP} + C_{ltP} + C_{lzaP} + C_{lzbP})^{-1} + (C_{lcP} + C_{ldP} + C_{leP} + C_{lfP})^{-1} + C_{loP}^{-1} + C_{lpP}^{-1} + C_{lwP}^{-1} + C_{lxP}^{-1}]^{-1} \quad (6-11)$$

由于压电陶瓷驱动器被布置在图 6-7 的正中间，P 点正是驱动力的作用点。因此，大行程转动机构的输入刚度等于 P 点沿 z_p 轴所受的驱动力与 P 点沿 z_p 轴发生的变形之比。根据式(6-5)和式(6-11)，大行程转动机构的输入柔度等于柔度矩阵 $C_{in-large}$ 的最后一个元素 c_{l66}，则大行程转动机构的输入刚度等于 $1/c_{l66}$。

6.3.2 小行程转动机构建模

小行程转动机构建模与大行程转动机构建模包含相似的步骤,都包含运动学建模和静力学建模两部分,但由于两机构设计时所采用的柔顺铰链类型不一样,所以建模时所采用的方法有所不同。大行程转动机构中所采用的正圆缺口型铰链和直角缺口型铰链都属于变形较小的集中柔度式铰链,且关于它们基础柔度矩阵的理论比较成熟,因此,在建模过程中采用柔度矩阵法是一种便捷、有效的选择。小行程转动机构中所采用的柔顺铰链是变形较大的梁型铰链,且铰链形状为非常规的圆弧形,因此,在建模过程中更适合采用针对性较强的弧形铰链伪刚体模型。

伪刚体模型法是美国学者 Howell(1996)为了对柔顺机构中构件的大变形所引起的非线性问题进行描述而提出的一种分析方法,基本原理是将柔顺构件等效为具有一定刚度的弹簧和刚性杆件,再对其进行分析。伪刚体模型法直观简洁,分析精度高,它的提出对柔顺机构的优化设计具有重要意义。

Howell(1996)提出的末端受力载荷作用时柔顺悬臂梁的伪刚体模型,将一端固定、自由端受力的悬臂梁等效为两段刚性杆和连接两段刚性杆的弹性扭簧的形式,因等效后的模型具有一个转动副,故被称为 1R 伪刚体模型。在此基础上,国内外学者提出了一系列关于柔顺悬臂初始直梁的伪刚体模型(冯超等,2017),包括 Su(2008)提出的 3R 伪刚体模型,冯忠磊等(2011)提出的 2R 伪刚体模型,余跃庆和周鹏(2013)提出的 PR 伪刚体模型,这些模型的提出不断探索着在不同载荷条件下伪刚体模型的适用性,不断完善模型的分析精度。

除了针对初始直梁的伪刚体模型外,国内外学者还提出了一系列针对初始弯曲悬臂梁的伪刚体模型。Howell(1996)提出的 1R 伪刚体模型,即包括对不同曲率的初始弯曲梁伪刚体模型的研究。Venkiteswaran 和 Su 提出了末端受力/弯矩混合载荷作用的初始弯曲梁的伪刚体模型,模型包括 3 个铰接杆和 2 个扭簧,其中末端的最后 1 根杆和最后 1 个扭簧只模拟末端转角,不影响梁末端位置坐标,且文章中优化所得的参数所覆盖的初始弯曲梁圆心角角度范围较广,为 $[\pi/12, 3\pi/2]$。Xu 等(2020)提出了适用于不同曲率悬臂梁的新型 PP2R 伪刚体模型,模型加入 2 个轴向的平移副和 2 个弹性扭簧,模型精度相比部分传统伪刚体模型得到了提升。综合考虑模型复杂性和模型精度,小行程转动机构的建模将采用 Venkiteswaran 和 Su 提出的末端受混合载荷作用初始弯曲梁的伪刚体模型。

由于小行程转动机构是中心对称结构,所以只对其一半结构进行建模即可。在图 6-8 中,N_0 和 N_1 分别表示圆弧形梁变形前和变形后梁末端点的位置,梁末端点的初始坐标 $N_0(x_{N_0}, y_{N_0})$ 可以表示为

$$\begin{cases} x_{N_0} = r_s \sin\theta_{0s} \\ y_{N_0} = r_s - r_s \cos\theta_{0s} \end{cases} \quad (6-12)$$

式中:r_s 表示圆弧形柔顺梁中间层的等效半径;θ_{0s} 表示圆弧形柔顺梁所对应的圆心角。

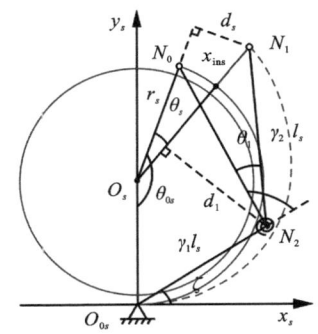

图 6-3 小行程转动机构分析模型

弹性扭簧所在点 $N_2(x_{N_2}, y_{N_2})$ 的初始坐标等于

$$\begin{cases} x_{N_2} = \gamma_1 l_s \cos\zeta \\ y_{N_2} = \gamma_1 l_s \sin\zeta \end{cases} \quad (6\text{-}13)$$

式中：$\gamma_1 l_s$ 为伪刚体模型中固定段杆件的等效长度；ζ 为固定段杆件与 x_s 轴的夹角。

梁变形后，梁末端点 $N_1(x_{N_1}, y_{N_1})$ 的坐标的计算公式为

$$\begin{cases} x_{N_1}^2 + (y_{N_1} - r_s)^2 = (r_s + x_{\text{ins}})^2 \\ (x_{N_1} - x_{N_2})^2 + (y_{N_1} - y_{N_2})^2 = (\gamma_2 l_s)^2 \end{cases} \quad (6\text{-}14)$$

式中：$\gamma_2 l_s$ 为伪刚体模型中第二段杆件的等效长度；x_{ins} 为小行程转动机构的输入位移。

根据几何关系，点 N_1 到直线 $N_0 O_s$ 的距离可以计算为

$$d_s = \frac{|(y_{N_0} - r_s)x_{N_1} - x_{N_0} y_{N_1} + x_{N_0} r_l|}{\sqrt{(y_{N_0} - r_s)^2 + (-x_{N_0})^2}} \quad (6\text{-}15)$$

由此，小行程转动机构的输出转角与圆弧形梁的等效半径和圆弧形梁所对应圆心角的关系可以表示为

$$\theta_s = \arcsin \frac{d_s}{r_s + x_{\text{ins}}} \quad (6\text{-}16)$$

根据式(6-12)和式(6-14)，可以计算得到 θ_1 为

$$\theta_1 = 2\arcsin \frac{\sqrt{(x_{N_1} - x_{N_0})^2 + (y_{N_1} - y_{N_0})^2}}{2\gamma_2 l_s} \quad (6\text{-}17)$$

点 N_2 到直线 $N_1 O_s$ 的距离可以表示为

$$d_1 = \frac{|(y_{N_1} - r_s)x_{N_2} - x_{N_1} y_{N_2} + x_{N_1} r_2|}{\sqrt{(y_{N_1} - r_s)^2 + (-x_{N_1})^2}} \quad (6\text{-}18)$$

根据平面力系平衡条件，可以得到

$$F_{\text{ins}} = \frac{K_1 \theta_1}{d_1} \quad (6\text{-}19)$$

式中：F_{ins} 为沿 $\overrightarrow{O_s N_1}$ 作用在 N_1 点上的驱动力；K_1 为弹性扭簧的刚度。

因此，小行程转动机构末端的刚度可以表示为

$$k_{\text{ins}} = \frac{F_{\text{ins}}}{x_{\text{ins}}} \quad (6\text{-}20)$$

为了计算小行程转动机构的输入刚度，除了小行程转动机构本身外，还需要考虑小行程转动机构驱动机构的刚度，即需要考虑中层驱动层中平行四边形机构的刚度，将小行程转动机构在输入点处的刚度和平行四边形机构在输入点处的刚度，根据串并联关系进行求和，如图 6-9 所示。图中平行四边形机构刚度的计算采用柔度矩阵法。图 6-9 中直角缺口型铰链在局部坐标系下的柔度矩阵可以记作

$$C_{s(g,h,k,l)} = C_{\text{ang}} \quad (6\text{-}21)$$

式中：$C_{s(g,h,k,l)}$ 为图 6-9 中小行程转动机构直角缺口型铰链 g、h、k、l 的柔度矩阵。

根据柔度矩阵法，各直角缺口型铰链的柔度矩阵需要从各自的局部坐标系下转换到位于 Q 点处的参考坐标系下。坐标变换后各铰链的柔度矩阵可以表示为

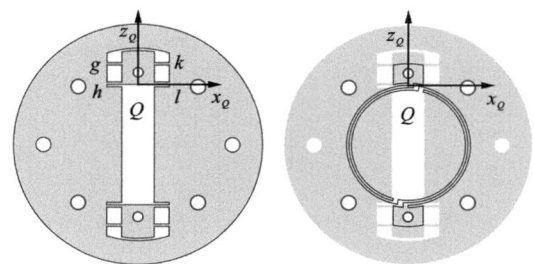

图 6-9 小行程转动机构刚度分析图

$$C_{s(g,h,k,l)Q} = A_{ds(g,h,k,l)} C_{s(g,h,k,l)} A_{ds(g,h,k,l)}^{\mathrm{T}} \tag{6-22}$$

根据串并联关系,可以计算得到中层上半部分的平行四边形机构在 Q 点处的柔度矩阵

$$C_{sQ} = (C_{sgQ}^{-1} + C_{shQ}^{-1} + C_{skQ}^{-1} + C_{slQ}^{-1})^{-1} \tag{6-23}$$

由此,综合小行程转动机构和平行四边形机构,可以计算得到小行程转动机构的输入柔度

$$(c_{\mathrm{in-small}})^{-1} = \left(\frac{1}{k_{\mathrm{ins}}}\right)^{-1} + c_{s66}^{-1} \tag{6-24}$$

式中:c_{s66} 是柔度矩阵 C_{sQ} 的最后一个元素。

则小行程转动机构的输入刚度等于

$$k_{\mathrm{in-small}} = (c_{\mathrm{in-small}})^{-1} \tag{6-25}$$

6.4 双行程纯转动精密定位平台尺寸优化

尺寸参数是决定柔顺精密定位平台性能指标的重要因素,一个性能优秀的平台设计不仅包括优秀的机构设计,还包括严密的尺寸优化步骤。本节将立足于双行程、纯转动精密定位平台设计的目标,在上一节所提出的核心机构运动学和静力学模型的基础上,综合考虑柔顺精密定位平台实际应用问题对平台主要位置的尺寸进行优化设计。

在本小节中,使用运动学和静力学模型对所提出阶段的主要参数进行优化。在进行主要参数优化之前,根据驱动需求和驱动机构的结构选择了两种 PEA。两种 PEA 的主要参数如表 6-2 所示。然后确定中层和下层的主要参数,如图 6-10 和表 6-3 所示。值得注意的是,表 6-3 中的 w 为中层和下层的面外厚度。

表 6-2 压电陶瓷驱动器的主要参数

	标定行程/μm	长度/mm	刚度/(N·μm^{-1})
中层驱动器	38	50	25
下层驱动器	57	68	15

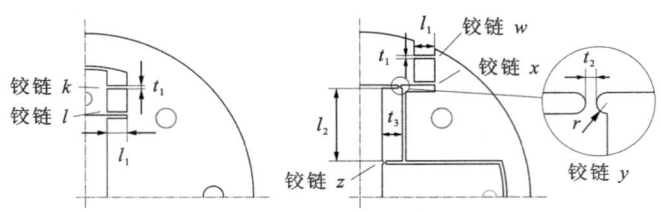

图 6-10 中层和下层主要尺寸参数

表 6-3 中层和下层主要尺寸参数

参数	t_1/mm	l_1/mm	t_2/mm	r/mm	l_2/mm	t_3/mm	w/mm
数值	1.0	6.0	0.5	0.5	22.0	6.0	12.0

6.4.1 大行程转动机构尺寸优化

根据本章节所提出平台"双行程"的设计目标,平台中大行程转动机构的主要优化目标是使大行程转动机构获得更大的输出转角。因此,大行程转动机构的输出转角可以表示为

$$\theta_l = \arcsin\left(\frac{-\cos\theta_{0l}/2\sqrt{8r_l^2(1-\cos\theta_{0l})-(2r_l(1-\cos\theta_{0l})-2x_{\text{inl}}-x_{\text{inl}}^2/r_l)^2}}{x_{\text{inl}}+r_l}+\right.$$
$$\left.\frac{\sin\theta_{0l}/2(2x_{\text{inl}}+x_{\text{inl}}^2/r_l-2r_l^2(1-\cos\theta_{0l})/r_l+2r_l)}{x_{\text{inl}}+r_l}\right)$$

(6-26)

从式(6-26)中可以看出,大行程转动机构的输出转角 θ_l 主要与圆弧形铰链所对应的圆心角 θ_{0l} 和圆弧形铰链的半径 r_l 有关。为了能够得到最大的输出转角,现以尺寸参数 θ_{0l} 和 r_l 为自变量,以 θ_l 为因变量,利用控制变量法和图像法,进行最大化问题研究,以确定一组最合适的尺寸参数值。

保持 r_l 和 x_{inl} 不变,可以得到 θ_l 与 θ_{0l} 之间的关系,θ_l 随 θ_{0l} 变化的曲线如图 6-11(a)所示。从图中可以看出,大行程转动机构的输出转角随圆弧形铰链所覆盖圆心角的增大而增大。为了使大行程转动机构获得更大的输出转角,需要使圆弧形铰链所覆盖的圆心角尽可能大。因为在同一平面内,需要同时布置两个相同的圆弧形铰链,所以 θ_{0l} 首先需要满足 $0<\theta_{0l}<\pi$。考虑到建模、加工的方便性,避免机构自锁,选择圆弧形铰链所覆盖的圆心角度数为 $\theta_{0l}=11\pi/12$。

保持 θ_{0l} 和 x_{inl} 不变,可以得到 θ_l 与 r_l 之间的关系,θ_l 随 r_l 变化的曲线如图 6-11(b)所示。从图中可以看出,大行程转动机构的输出转角随圆弧形铰链半径的减小而增大。为了使大行程转动机构获得更大的输出转角,需要使圆弧形铰链的半径尽可能小。

在尺寸参数 r_l 的优化设计前,针对大行程转动机构进行了借助仿真分析的预实验。在预实验的过程中,发现在驱动机构时存在较大寄生误差。经过分析发现,这一寄生误差与大行程转动机构的结构特点紧密相关。因为圆弧形铰链所覆盖的圆心角度数采用了 $11\pi/12$,所以大行程转动机构的结构使其接近自锁状态,当施加驱动力时,需要相对较大的驱动力才能将

第6章 基于柔顺机构的双行程纯转动精密定位平台设计

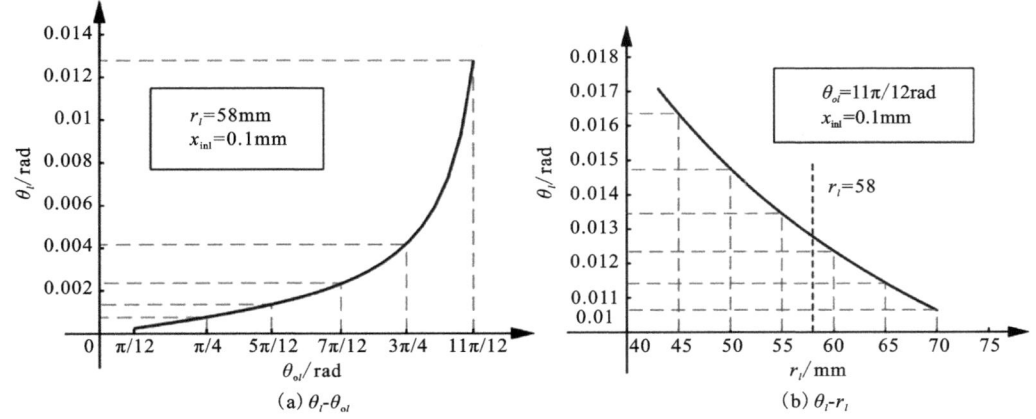

图 6-11 大行程转动机构尺寸优化

机构启动。一旦启动之后,在机构发生位移的过程中,容易在刚度较小的薄弱位置发生寄生位移。在图 6-12 所示的机构某一位置,由于正圆缺口型铰链旁的方形区域厚度较小,是刚度较小的薄弱位置,因此在机构发生位移过程中,方形区域也产生了本不应该出现的变形,经检查发现,预实验中的寄生位移正来自这一方形区域的变形。为了避免这一寄生位移,同时为了保护这一薄弱区域免遭破坏,方形区域的厚度需要增大,在这里设置优化目标为

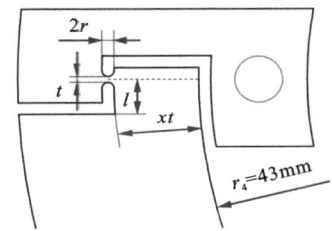

图 6-12 大行程转动机构局部刚度分析

$$10c_h = c_b \tag{6-26}$$

式中:c_h 代表图 6-12 中正圆缺口型铰链的转动柔度;c_b 表示方形区域的转动柔度。

根据式(6-26)和表 6-3,可知

$$10\frac{4l^3}{Ew(xt)^3} = \frac{12(\pi\sqrt{r/t}-(2+\pi)/2)}{Ew^3} \tag{6-27}$$

其中,xt 表示方形区域的最小厚度,$r=t=0.5\text{mm}$,$l=1.75\text{mm}$,$E=7.2\times10^{10}\text{Pa}$。计算得到 $x=29.255$,则 r_l 需要满足

$$r_l \geqslant r_4 + xt + r \approx 58\text{mm} \tag{6-28}$$

根据图 6-11(b),应该在合适的范围内取 r_l 的最小值,因此,大行程转动机构中的 r_l 取值为 58mm。

6.4.2 小行程转动机构尺寸优化

为了获得所提出机构的双行程,小行程转动机构的主要优化目的是获得比大行程转动机构小得多的旋转范围。由式(6-1)、式(6-2)、式(6-3)、式(6-4)、表 6-3 及参数优化结果可知,大范围转动机构的最大旋转角度为 0.018rad,本章节将小范围转动机构的优化目标设为 $\theta_{\text{smax}}=0.0009\text{rad}$,为大范围转动机构的 1/20。

Venkiteswaran 和 Su 提出了末端受力/弯矩混合载荷作用的初始弯曲梁的伪刚体模型。提出的模型分析了圆弧 $\pi/12$ 到 $3\pi/2$ 大范围内圆弧梁的运动学和刚度特性。与大行程转动机构相同，θ_s 主要与 θ_{0s} 和 r_s 有关。根据式(6-26)和表 6-2，不同圆弧形铰链所对应圆心角条件下，圆弧形铰链半径的优化值汇总如表 6-4 所示。为了使小行程转动机构的尺寸与柔顺精密定位平台其他部分的尺寸更为匹配，同时，使小行程转动机构中心的动平台更大，小行程转动机构的尺寸设计选择 $\theta_{0s}=3\pi/4\mathrm{rad}$ 和 $r_s=23.58\approx24\mathrm{mm}$。

表 6-4 小行程转动机构尺寸优化

θ_{0s}/rad	$\frac{\pi}{12}$	$\frac{\pi}{6}$	$\frac{\pi}{4}$	$\frac{\pi}{3}$	$\frac{5\pi}{12}$	$\frac{\pi}{2}$	$\frac{7\pi}{12}$	$\frac{2\pi}{3}$	$\frac{3\pi}{4}$	$\frac{5\pi}{6}$	$\frac{11\pi}{12}$
r_s/mm	2.43	3.99	5.73	8.76	10.98	14.10	15.17	20.02	23.58	21.92	30.83

通过对大、小行程转动机构的优化，确定了上层移动平台的参数。上层主要参数如图 6-13 和表 6-5 所示。由此推导出半径为 8.9cm 的纯旋转微定位台，输出平台的面积可达 15.90cm²，为舞台提供了较大的承载空间。

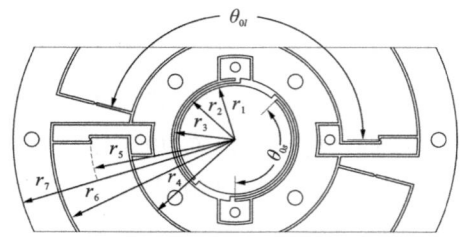

图 6-13 平台上层主要尺寸参数

表 6-5 平台上层主要尺寸参数

参数	r_1/mm	r_2/mm	r_3/mm	r_4/mm	r_5/mm	r_6/mm	r_7/mm	θ_{0l}/rad	θ_{0s}/rad
数值	22.5	23.5	24.5	43.0	58.0	73.0	89.0	$\frac{11\pi}{12}$	$\frac{3\pi}{4}$

6.5 双行程纯转动精密定位平台仿真实验

有限元仿真分析是研究一个柔顺精密定位平台各项性能指标的常用方法，它将连续的结构体划分为若干个单元，通过对每个单元求解，再对整个连续体进行推导求解。有限元仿真分析往往借助计算机软件进行，Ansys Workbench 作为一种强大的协同仿真环境，具备对复杂机械系统进行结构静力学和结构动力学等仿真分析的能力。

为了验证运动模型和静力学模型，利用 ANSYS Workbench 对所提出的工作台进行了有限元分析，有限元分析选用 Al7075-T6 作为材料，其主要规格如表 6-6 所示。考虑到所提出的阶段具有嵌套结构，当驱动小范围转动机构时，对大范围转动机构存在反作用力。换句话说，在两个嵌套机制之间存在寄生错误的风险。为解决这一问题，分别对无驱动平台的大行程和小行程转动机构进行了有限元分析。如图 6-14 所示，在输入面增加位移支撑，求解力反应。根据模拟计算，大范围转动机构输入位置处的变形刚度为 $1.46\times10^5\mathrm{N/m}$，而大行程转动机构输入位置处的变形刚度为 $3.24\times10^3\mathrm{N/m}$。由于两种机构的变形刚度值相差较大，因此在嵌套结构中两种机构之间几乎不存在寄生误差。由于大行程转动机构和小行程转动机构之间的寄生误差可以忽略不计,因此将两种机构的仿真分离。在仿真过程中,旋转机构与自身驱动部分连接。

表 6-6 Al 7075-T6 主要参数

参数	杨氏模量/MPa	密度/(kg·m^{-3})	泊松比	屈服强度/MPa
数值	$7.20×10^4$	$2.81×10^3$	0.33	505

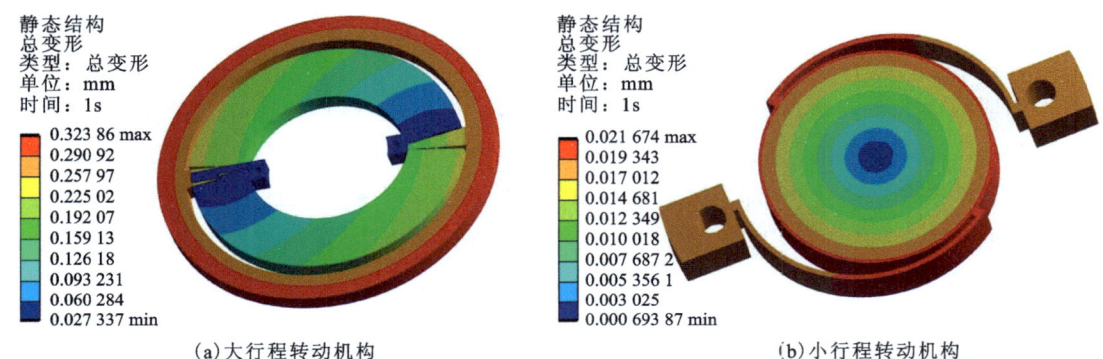

(a) 大行程转动机构　　(b) 小行程转动机构

图 6-14　利用有限元仿真进行变形刚度分析

首先,采用大行程转动机构进行有限元分析,如图 6-15(a)所示。桥式放大器的 4 个螺丝孔是固定的,与固定端固定相同。桥式放大器的负载 28.5μm 被对称输入。其次,采用小行程转动机构进行有限元分析,如图 6-15(b)所示。在桥式放大器上加载 19μm 的对称输入。分析结果与仿真结果比较,结果如表 6-7 所示。大行程转动机构和小行程转动机构的输出角度误差分别为 3.45% 和 2.27%。大行程转动机构和小行程转动机构的输入刚度误差分别为 10.49% 和 10.11%。仿真结果验证了运动学和静力学模型的有效性。所采用的 PEA 的理论分辨率为 0.1nm。仿真中还研究了大行程转动机构和小行程转动机构的分辨率,相应数值分

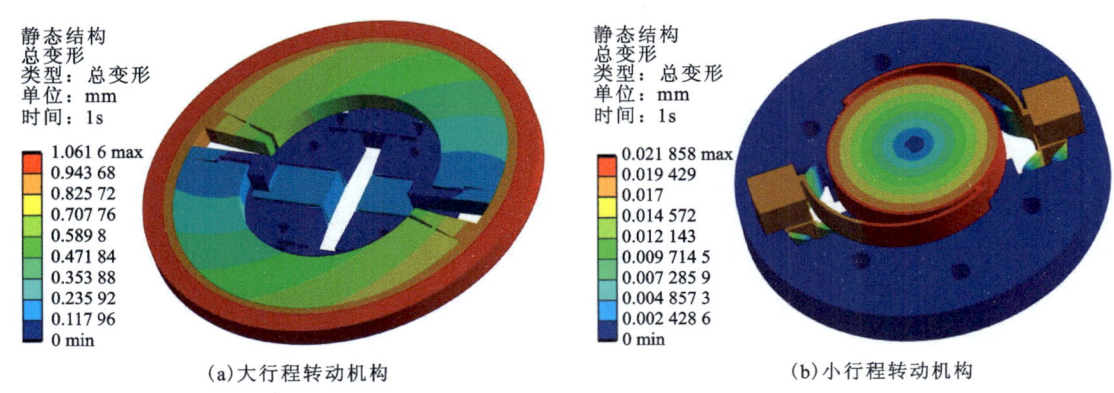

(a) 大行程转动机构　　(b) 小行程转动机构

图 6-15　利用有限元仿真进行运动学和静力学分析

别为 $4.19×10^{-1}\mu rad$ 和 $3.19×10^{-2}\mu rad$。大行程转动机构的分辨率大于小行程转动机构的分辨率。小行程转动机构的全行程(0.9mrad)比大行程转动机构的分辨率($4.19×10^{-1}\mu rad$)大。小行程转动机构的分辨率足够小,满足设计要求。

表 6-7 平台运动学和静力学参数的理论和仿真数值对比

	最大输出转角			输入刚度		
	理论值/mrad	仿真值/mrad	误差/%	理论值/(N·m^{-1})	仿真值/(N·m^{-1})	误差/%
大行程转动机构	18.00	17.40	3.45	$1.79×10^7$	$1.62×10^7$	10.49
小行程转动机构	0.90	0.88	2.27	$1.60×10^7$	$1.78×10^7$	10.11

本章所提出的柔顺精密定位平台设计是"纯转动"平台设计,但由于机构三维模型误差、加工误差和驱动误差等的存在,在仿真实验和实际操作中,柔顺精密定位平台的输出可能无法按照理论的理想状态进行,即意味着本章中的柔顺精密定位平台设计有可能出现除转动自由度以外的其他自由度上的运动。探究这一误差是否存在,误差值有多少,也是仿真分析的重要内容之一。

当采用 $28.5\mu m$ 对称输入驱动大行程转动机构时,输出平台产生寄生误差。大行程转动机构的寄生误差在水平方向为 $0.115\mu m$,在垂直方向为 $0.010\mu m$。在横轴和纵轴上对输入位移的误差分别为 0.202% 和 0.018%。当采用 $19\mu m$ 对称输入驱动小行程转动机构时,水平轴和垂直轴的寄生误差分别为 $0.004\mu m$ 和 $0.389\mu m$。在横轴和纵轴上对输入位移的误差分别为 0.011% 和 1.023%,结果如表 6-8 所示。由表 6-8 可以看出,无论是大行程转动机构还是小行程转动机构,它们在两轴方向上的寄生误差都非常小,最大的寄生误差比率仅为 1.023%。因此,柔顺精密定位平台运动的寄生误差足以被忽略,通过巧妙的结构设计和严密的分析优化设计,我们得到了一个几乎纯转动的柔顺精密定位平台。

表 6-8 运动平台寄生误差分析

	水平方向寄生误差		垂直方向寄生误差	
	数值/μm	比率/%	数值/μm	比率/%
大量程转动机构	0.115	0.202	0.010	0.018
小量程转动机构	0.004	0.011	0.389	1.023

动态特性可以反映所提出阶段的稳定性。固有频率越高,平台的抗干扰能力越强。为了研究该平台的动力特性,对平台的固有频率进行了有限元分析。如图 6-16 所示,拟建阶段的一阶、二阶和三阶固有频率分别为 13.299Hz、32.402Hz 和 60.321Hz。二阶固有频率对应于大范围旋转运动的自由度,一旦安装了 PEA,它将被放大。在本次设计中,为了产生双行程和大旋转角度,结构采用串联设计,体积大,导致设计阶段的质量大。因此,在实现平台主要设计目的的同时,平台的一阶固有频率并不大。

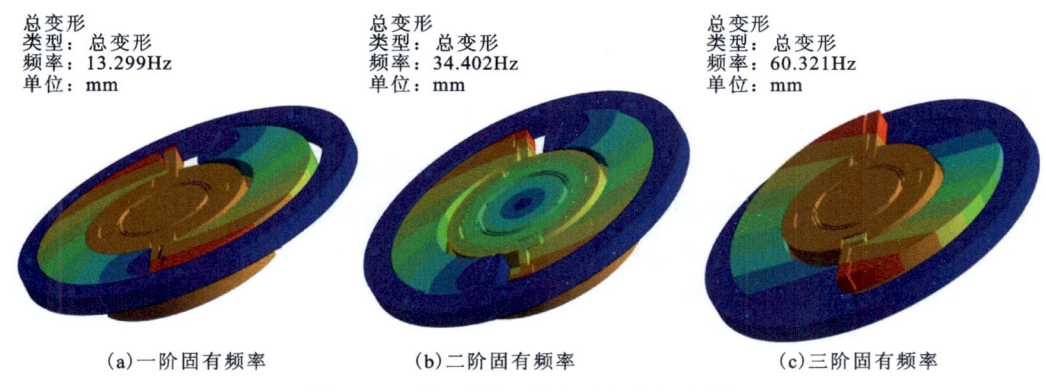

图 6-16 利用有限元仿真进行动力学分析

6.6 本章小结与研究展望

6.6.1 本章小结

本章提出了一种基于柔顺机构的双行程纯转动精密定位平台设计。在结构设计方面,通过引入嵌套结构和多层结构,柔顺精密定位平台设计成功实现了"双行程"和"双分辨率",同时兼顾了大的输出转角和高的分辨率;通过融合柔顺化的双曲柄滑块机构,柔顺精密定位平台设计得以实现几乎无耦合误差的纯转动运动;柔顺精密定位平台整体采用圆形和对称设计,使平台结构紧凑,大大节省了加工成本。

在建模分析方面,利用几何法、柔度矩阵法和伪刚体模型法,对柔顺精密定位平台核心的大行程转动机构和小行程转动机构进行了运动学建模和静力学建模,得到了平台输入与输出之间的关系、平台关键点的刚度表达式。在优化设计上,根据所建立的大行程转动机构和小行程转动机构的运动学和静力学模型,对平台的主要尺寸进行了优化设计,优化设计主要采用目标函数法和图像法结合的方式进行,优化设计得到的平台主要尺寸参数,使得平台更加贴近"双行程"的设计目标,能够较好地与平台其他部分及其他构件尺寸相匹配。

最后,利用仿真分析软件对优化设计所得的柔顺精密定位平台进行全面的仿真实验。评估了平台大行程转动机构和小行程转动机构之间的耦合误差以及平台寄生运动的误差,经计算,两种误差绝对值和相对值都十分微小,可以被忽略。研究了平台的最大输出转角和输入刚度值,平台大行程转动机构和小行程转动机构的输出行程分别为[0mrad,17.40mrad]和[0mrad,0.88mrad],验证了第 3 章所建立模型的有效性。探究了平台的分辨率性能指标,平台大行程转动机构和小行程转动机构的分辨率分别达到 $4.19 \times 10^{-1} \mu rad$ 和 $3.19 \times 10^{-2} \mu rad$。

本章的主要创新点体现在以下 3 个方面:①以柔顺化的双曲柄滑块机构为原型,得到了实现运动解耦的纯转动柔顺精密定位平台设计;②借助嵌套结构和多层设计,组合大行程转动机构和小行程转动机构,同时实现了柔顺精密定位平台的大行程和高分辨率;③基于柔度矩阵法、伪刚体模型法等基础理论，进行以转动机构、嵌套结构和多层结构为特点的新型复杂柔顺精密定位平台的建模。

6.6.2 研究展望

本章进行了基于柔顺机构的双行程纯转动精密定位平台设计研究，得到了具有大行程和高分辨率、运动解耦能力，紧凑结构的新型柔顺转动平台设计，验证了平台模型和优化设计的有效性。未来，相关研究工作主要集中在以下两个方面。

（1）柔顺精密定位平台固有频率优化。动力学仿真实验结果显示，本章所涉及的柔顺精密定位平台一阶固有频率偏低，经分析发现，这一现象是平台的嵌套结构和多层结构带来的较大平台质量导致的，是达成平台双行程和纯转动的设计目标所带来的负面影响。如何借助更合理的结构设计和更先进的优化方法，进一步优化柔顺精密定位平台的动力学特性，以更好地平衡平台的各项性能，是未来研究中需要探索的一个问题。

（2）纯转动机构设计的推广。利用柔顺化的双曲柄滑块机构设计得到了新型纯转动机构，相关建模和仿真实验也验证了纯转动机构设计的有效性。如何充分发挥本章所设计纯转动机构的优势，基于分析模型和不同场景要求，优化设计出新的纯转动机构，将纯转动机构与其他机构结合，搭建更多新型的二自由度、多自由度柔顺精密定位平台，是未来的另一个重要研究方向。

主要参考文献

冯超，薄瑞峰，信桂锁，等，2017.模拟固定-导向柔顺梁的PRR伪刚体模型的动力学分析[J].机械设计与研究，33(3)：45-49.

冯忠磊，余跃庆，王雯静，2011.模拟柔顺机构中柔顺杆件末端特征的2R伪刚体模型[J].机械工程学报，47(11)：36-43.

田俊，张宪民，2009.基于柔顺机构的两自由度微动精密定位平台的分析与设计[J].机械设计与制造(5)：205-207.

王子毅，2015.柔顺精密二自由度定位平台技术研究[D].西安：西安电子科技大学.

余跃庆，周鹏，2013.柔顺机构PR伪刚体模型[J].北京工业大学学报，39(5)：641-647.

AL-JODAH A, SHIRINZADEH B, GHAFARIAN M, et al., 2021. Design, modeling, and control of a large range 3-DOF micropositioning stage[J]. Mechanism and Machine Theory, 156：104159.

CAI W, SHANG G, ZHOU Y, et al., 2010. An alternative flat scanner and micropositioning method for scanning probe microscope[J]. Review of Scientific Instruments, 81(12)：123701.

CHEN F, DONG W, YANG M, et al., 2019. A PZT actuated 6-DOF positioning system for space optics alignment[J]. IEEE/ASME Transactions on Mechatronics, 24（6）：2827-2838.

CHEN G, DING Y, ZHU X, et al., 2019. Design and modeling of a compliant tip-tilt-piston micropositioning stage with a large rotation range[J]. Proceedings of the Institution of Mechanical Engineers, Part C: Journal of Mechanical Engineering Science, 233(6): 2001-2014.

CHEN G, LIU P, DING H, 2020. Structural parameter design method for a fast-steering mirror based on a closed-loop bandwidth[J]. Frontiers of Mechanical Engineering, 15(1): 55-65.

CLARK L, SHIRINZADEH B, BHAGAT U, et al., 2015. Development and control of a two DOF linear-angular precision positioning stage[J]. Mechatronics, 32: 34-43.

CLARK L, SHIRINZADEH B, ZHONG Y, et al., 2016. Design and analysis of a compact flexure-based precision pure rotation stage without actuator redundancy[J]. Mechanism and Machine Theory, 105: 129-144.

FESPERMAN R, OZTURK O, HOCKEN R, et al., 2012. Multi-scale alignment and positioning system-MAPS[J]. Precision Engineering, 36(4): 517-537.

GEBHARDT S, ERNST D, BRAMLAGE B, 2015. Micro-positioning stages for adaptive optics based on piezoelectric thick film actuators[J]. Additional Papers and Presentations, (CICMT): 149-155.

HAO G, YU J, 2016. Design, modelling and analysis of a completely-decoupled XY compliant parallel manipulator[J]. Mechanism and Machine Theory, 102: 179-195.

HOWELL L L, 1996. Evaluation of equivalent spring stiffness for use in a pseudo-rigid-body model of large-deflection compliant mechanisms[J]. Journal of Mechanical Design, (1): 118.

HOWELL L L, 2001. Compliant Mechanisms[M]. London: Springer London.

HU K, KIM J H, SCHMIEDELER J, et al., 2008. Design, implementation, and control of a six-axis compliant stage[J]. Review of Scientific Instruments, 79(2): 25105.

HWANG D, BYUN J, JEONG J, et al., 2011. Robust design and performance verification of an In-Plane XYθ micropositioning stage[J]. IEEE Transactions on Nanotechnology, 10(6): 1412-1423.

LEE M, PARK E, YEOM J, et al., 2012. Pure nano-rotation scanner[J]. Advances in Mechanical Engineering, 4: 962439.

LIANG C, WANG F, HUO Z, et al., 2020. A 2-DOF monolithic compliant rotation platform driven by piezoelectric actuators[J]. IEEE Transactions on Industrial Electronics, 67(8): 6963-6974.

NECIPOGLU S, CEBECI S A, BASDOGAN C, et al., 2011. Repetitive control of an XYZ piezo-stage for faster nano-scanning: numerical simulations and experiments[J]. Mechatronics, 21(6): 1098-1107.

PAN B, ZHAO H, ZHAO C, et al., 2019. Nonlinear characteristics of compliant bridgetypedisplacement amplification mechanisms[J]. Precision Engineering,60:246-256.

SCHMITT P,HOFFMANN M,2020. Engineering a compliant mechanical amplifier for MEMS sensor applications[J]. Journal of Microelectromechanical Systems,29(2):214-227.

SOLEPATIL S,DEORE N R,2021. Behavior of linear compliant mechanism using numerical and experimental method[J]. Materials Today:Proceedings,47:3190-3194.

TIAN Y,SHIRINZADEH B,ZHANG D,et al.,2009. Design and forward kinematics of the compliant micro-manipulator with lever mechanisms[J]. Precision Engineering,33(4):466-475.

WANG P,XU Q,2018. Design and testing of a flexure-based constant-force stage for biological cell micromanipulation [J]. IEEE Transactions on Automation Science and Engineering,15(3):1114-1126.

WU K,HAO G,2020. Design and nonlinear modeling of a novel planar compliant parallelogram mechanism with general tensural-compresural beams [J]. Mechanism and Machine Theory,152:103950.

XU H,GAN J,ZHANG X,2020. A generalized pseudo-rigid-body PPRR model for both straight and circular beams in compliant mechanisms[J]. Mechanism and Machine Theory,154:104054.

XU Q,2015. Design of a large-range compliant rotary micropositioning stage with angle and torque sensing[J]. IEEE Sensors Journal,15(4):2419-2430.

XU Q,LI Y,2011. Analytical modeling,optimization and testing of a compound bridge-type compliant displacement amplifier[J]. Mechanism and Machine Theory,46(2):183-200.

第7章 基于圆梁型铰链的柔顺可调恒力微夹持器设计

7.1 引 言

近 20 年来,微操作系统在机器人加工(Liu et al.,2018)、纳米操作(Hoover and Fearing,2007)、生物医学(Zareinejad et al.,2009)、精密光学(Henke et al.,1999)、航空航天(Guelman et al.,2004)等工程领域得到了广泛的发展。由于微尺度物体通常体积小且容易损坏,微夹持器作为微操作系统的关键部件,必须具有良好的环境兼容性和快速感知能力,并具有接触力控制(Boudaoud and Regnier,2014)。与刚性机构相比,柔顺机构对接触力的变化更为敏感。此外,柔顺机构还具有无摩擦、无润滑、运动精度高、控制方便、易于小型化等优点(Howell et al.,2013;Zhu et al.,2020)。因此,基于柔顺机构设计的微夹持器,即柔顺夹持器,在微操作中得到了广泛的应用(Doria and Birglen,2019;Zubir and Shirinzadeh,2009;Petković et al.,2013;Hao and Hand,2016;Joshi et al.,2017;Xu,2015)。

近年来,恒力操作已成为工程中的一项硬性要求。例如,在精密工程中,操作加工要求将机械手与物体之间的接触力变化保持在千毫牛顿的范围内(Wang et al.,2011;Xu,2018)。对于柔顺夹持系统,传统的恒力操作通常采用由传感器和控制算法组成的闭环控制系统来实现(Sun et al.,2013;Xu,2013)。虽然这些技术是有效的,但很可能造成整个系统结构复杂、体积庞大的问题,在一定程度上抑制了相应的应用(Wang and Xu,2018)。进行恒力操作的另一种方法是使用有效的恒力机构。恒力机构并不完全遵循胡克定律,它们主要利用机构大挠曲时的屈曲耦合效应来形成机构的零刚度。恒力机构以其机械特性取代了复杂的控制系统,在不影响精度的情况下,大大减少了程序设计的工作量和成本。因此,柔顺恒力夹持器在微操作技术中具有广阔的应用前景。

一般来说,现有的柔顺恒力夹持器可分为曲梁恒力夹持器和刚度组合恒力夹持器。前者的工作原理是通过设计刚度接近于零的弯曲梁来产生恒力输出。具体方法通常是采用先建立目标方程,然后逐步确定曲线梁形状的分布式形状优化方法。例如,Lan 等(2010)使用该方法设计了一个可应用于机器人末端执行器的柔顺恒力夹持器。Miao 和 Zheng(2020)采用类似的方法,优化了基于连续曲率弯曲梁的苹果采摘柔顺恒力夹持器。Wang 和 Lan(2014)通过优化 3 根相互连接的直梁的几何结构,实现了夹持器的恒定力输出。

与曲梁恒力夹持器相比,刚度组合恒力夹持器在结构和设计过程上更加直观。它们采用由正刚度机构和负刚度机构组成的零刚度机构获得恒力输出(Wang and Xu,2016)。正刚度机构的反作用力与其变形成正比，而负刚度机构则相反。Liu 等(2016)设计了一种基于刚度组合恒力机构的恒力夹持器。考虑到操作的自由度需求，Zhang 和 Xu(2019)提出了一种沿 x 轴和 y 轴具有恒定驱动力的二维柔顺恒力夹持器。由于单个刚度组合恒力夹持器恒力范围有限，不能适应不同尺寸的抓握对象，Ye 等(2021)综合了刚度组合方法，开发了具有两种恒力值输出的两级恒力夹持器。现有研究中还使用刚度组合恒力机构开发了一系列柔顺恒力操作平台(Liu and Xu,2016;Wang and Xu,2017;Zhang and Xu,2019)。

柔顺恒力机构在微操作过载保护方面取得了重大进展。由于传统的恒力机构具有固定的输出力和固定的恒力区间，因此仅通过设计传统恒力机构来提高夹持器的性能是相对有限的。采用可调恒力机构是实现夹持器过载保护和增强夹持器通用性的一种更有效的方法。例如，Chen 和 Lan(2012)首先采用多梁型组合来提高恒力机构的输出性能，然后使用步进电机来实现恒力机构的预加载，最后实现单个恒力机构的可调恒力输出。Lan 和 Wang(2011)建立了一种使用直线电机的手术钳弯曲梁恒转矩机构。该机构不改变其初始状态，而是利用电机通过改变输出杠杆的长度来调整输出力。考虑到平台的复杂结构和单向调节特性依赖于电机，Hao 等(2017)利用微分头实现刚度组合恒力机构的手动预紧调节，然后设计了一种双向可调的柔顺恒力夹持器。然而，该方案存在结构庞大的缺陷，并且难以适应微夹持平台。

综上所述，基于弯曲梁恒力机构的柔顺夹持器比基于刚度组合恒力机构的柔顺夹持器具有更大的恒力行程，但刚度组合恒力机构的设计可以大大简化设计过程。与传统的柔顺恒力机构相比，可调恒力机构具有显著提高机构适用性的优点。然而，现在仍然缺乏有效地将这些特征结合在一个夹持器系统中的研究。此外，圆梁型铰链作为曲线梁的一种独特形式，由于结构简单，与拓扑结构曲线梁相比，可以更方便地应用于机构中。基于上述问题，本章旨在设计 1 种基于圆梁型铰链的柔顺可调恒力微夹持器。

7.2 基于圆梁型铰链的刚度组合恒力机构设计

在本节中，首先演示了恒力夹持器的工作原理。通过一个简单的对比实验，直观地说明了圆梁型铰链的优点。采用伪刚体 PPRR 模型和椭圆积分法分别对正刚度梁和负刚度梁进行了建模；采用粒子群优化算法获得了刚度组合恒力机构的结构参数。所提出的刚度组合恒力机构及其预紧原理示意图如图 7-1 所示。数学建模和优化求解过程如下。

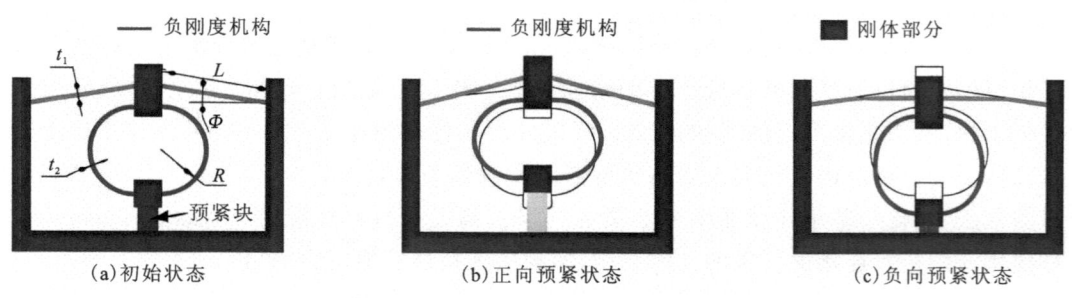

图 7-1　刚度组合恒力机构及其不同预紧状态示意图

7.2.1 微夹持器系统和刚度组合恒力机构的刚度模型

恒力意味着在一定位移区间内柔顺微夹持器的整体刚度为零。为使夹持器表现出零刚度的特性,首先需要对其进行系统刚度分析。假设在柔顺夹持器中夹爪的位移为 d,夹爪与物体间的接触力为 F,则在夹持器系统中有

$$F = K_{\text{gripper}} d \tag{7-1}$$

式中:K_{gripper} 表示柔顺夹持器的整体刚度。

对于驱动模块和恒力机构模块,它们组成的是一个串联运动系统(Liu et al.,2016;Zhang and Xu,2019;Ye et al.,2021;Liu and Xu,2016;Wang and Xu,2017;Chen and Lan,2012),在该系统中

$$\begin{aligned} d &= d_{\text{CFM}} + d_{\text{drive}} \\ F &= K_{\text{gripper}} d = K_{\text{CFM}} d_{\text{CFM}} = K_{\text{drive}} d_{\text{drive}} \\ K_{\text{gripper}} &= \frac{K_{\text{CFM}} K_{\text{drive}}}{K_{\text{CFM}} + K_{\text{drive}}} \end{aligned} \tag{7-2}$$

式中:K_{CFM} 和 K_{drive} 分别表示恒力机构模块和驱动模块的刚度;d_{CFM} 和 d_{drive} 分别表示二者的运动位移。

由式(7-2)可知,在夹持器系统中,当 K_{CFM} 趋近于零时,系统的整体输出刚度也将趋近于零。因此在柔顺微夹持器的设计中,可先完成恒力机构的设计,然后再进行其他模块的设计补充。

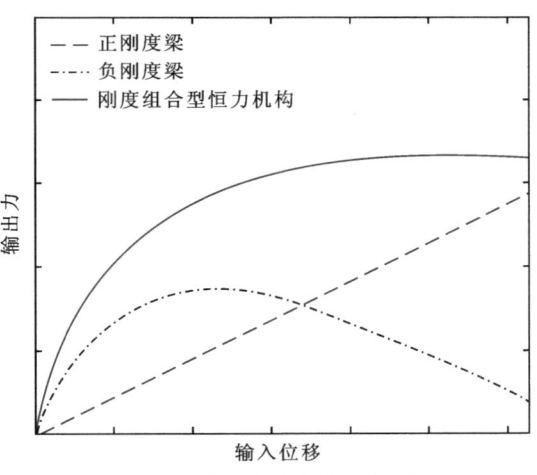

图 7-2 刚度组合式恒力机构原理

恒力机构的设计目标是机构的零刚度,为实现这个目标可采用多种方法。本研究中采用了一种简单有效的方法——刚度组合法。刚度组合法形成的运动系统本质上是一类并联系统,直观的理解是将正刚度机构和负刚度机构相结合,使其刚度相互抵消,构造零刚度结构,从而达到恒力的目的。如式(7-3)及图 7-1 所示。

$$F_{\text{CFM}} = K_{\text{CFM}} d = (K_{\text{positive}} + K_{\text{negative}}) d \tag{7-3}$$

式中:F_{CFM} 表示恒力机构模块的输出力。

构建负刚度梁可通过利用双稳态机构的屈曲效应来实现,而正刚度梁可通过使用遵循胡克定律的柔顺铰链。

对于刚度组合型恒力机构而言,它的基本几何参数较多,较难通过枚举法或图形法直接获取最优的、准确的结构参数,因此需先建立有效的负稳态梁和正刚度梁的数学分析模型,然后通过优化算法进行相关的参数优化辨识。

7.2.2 负刚度机构建模

斜梁作为一种典型的负刚度机构,以其结构简单、性能优越而得到了广泛的研究。例如 Zhao 等(2018)基于几何非线性理论建立了求解梁屈曲过程的通用数值积分方程。Holst 等(2011)引入了梁挠度模型,并利用椭圆积分详细讨论了固定导向梁的弯曲行为和轴向挠度。此外,Chen 等(2019)提出的链梁约束模型为倾斜固定导向梁的求解提供了一种策略。

假设长度为 L 的等截面直梁,材料的弹性模量为 E,截面惯性矩为 I。梁的一端固定,另一自由端承受外载荷 F 和 M。描述倾斜直梁屈曲问题的简单模型如图 7-3 所示。为了方便起见,坐标系是沿着初始梁形状而不是变形方向建立的。基于伯努利-欧拉方程,沿梁的点 P 的力矩可以写成

$$M_P = EI \frac{\mathrm{d}\theta}{\mathrm{d}s} = F\sin\varphi(a-x) - F\cos\varphi(b-y) + M \tag{7-4}$$

其中,$\mathrm{d}s$ 是长度的微分。

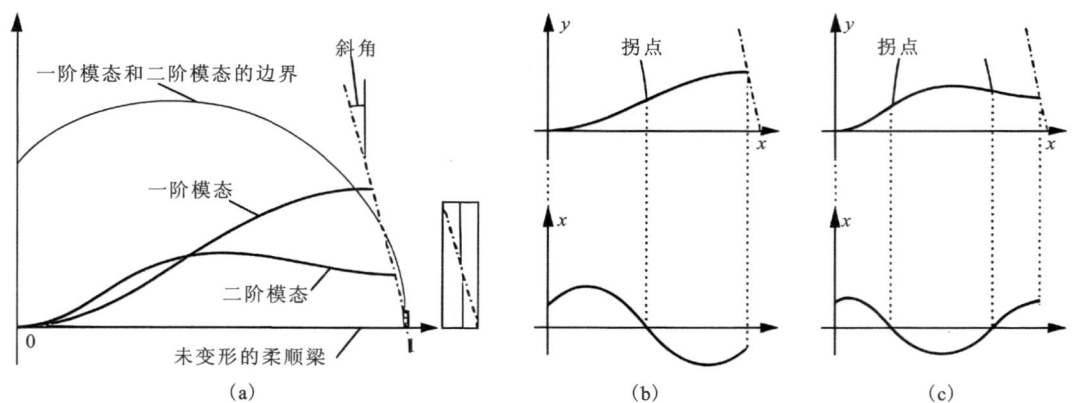

图 7-3 固定-导向梁的第一阶和第二阶屈曲模态(a)以及直梁在第一阶屈曲模态(b)和在第二阶屈曲模态(c)时梁上任一点的曲率

将式(7-4)对 s 求导,然后对 θ 进行积分,并考虑 $\mathrm{d}x/\mathrm{d}s=\cos\theta$,$\mathrm{d}y/\mathrm{d}s=\sin\theta$,以及当 $\theta=\theta_{\mathrm{tip}}$ 时 $k=M/EI$ 的边界条件,可以得到

$$\begin{aligned}\left(\frac{\mathrm{d}\theta}{\mathrm{d}s}\right)^2 = k^2 &= \int -\frac{2F}{EI}(\cos\varphi\sin\theta - \sin\varphi\cos\theta)\mathrm{d}\theta \\ &= -\frac{2F}{EI}(\cos\varphi\cos\theta - \sin\varphi\sin\theta) + C \\ &= \frac{2F}{EI}[\cos(\varphi-\theta_{\mathrm{tip}}) - \cos(\varphi-\theta)] + \frac{M}{EI}\end{aligned} \tag{7-5}$$

式中:C 是积分常数;k 表示 P 的曲率;θ_{tip} 表示梁尖的倾斜角。

求解 $\mathrm{d}s$ 可得

$$L = \int_0^L \mathrm{d}s, a = \int_0^L \cos\theta \mathrm{d}s, b = \int_0^L \sin\theta \mathrm{d}s \tag{7-6}$$

通过 $\mathrm{d}s = \mathrm{d}\theta/k$,可以得出位移的积分

$$L = \int_{\theta_O}^{\theta_{\text{tip}}} \frac{1}{\sqrt{2F[\cos(\varphi-\theta)-\cos(\varphi-\theta_{\text{tip}})]/EI + M/EI}} \mathrm{d}\theta \tag{7-7}$$

$$a = \int_{\theta_O}^{\theta_{\text{tip}}} \frac{\cos\theta}{\sqrt{2F[\cos(\varphi-\theta)-\cos(\varphi-\theta_{\text{tip}})]/EI + M/EI}} \mathrm{d}\theta \tag{7-8}$$

$$b = \int_{\theta_O}^{\theta_{\text{tip}}} \frac{\sin\theta}{\sqrt{2F[\cos(\varphi-\theta)-\cos(\varphi-\theta_{\text{tip}})]/EI + M/EI}} \mathrm{d}\theta \tag{7-9}$$

式(7-7)~式(7-9)中的参数 θ 从固定端的 θ_O 到梁端的 θ_{tip} 沿梁连续变化。由于倾斜梁是直的,因此 $\theta_O = \theta_{\text{tip}} = 0$。当梁在第一模态下屈曲时,由于对称性,$\theta_{\max}^1$ 出现在梁的中点。当进入第二模态时,θ 从 θ_O 逐渐增加到 $\theta_{\max}^2$,然后减少到 $\theta_{\min}^2$,最后增加到 θ_{tip}。需要首先求解 θ 的最大值和最小值才能得到上述积分的正确解,这可能是一个复杂的过程。解决这些问题的常用方法是将其转化为椭圆积分的形式,参阅 Howell 等(2013)和 Zhu 等(2020)的相关文献,可以得到位移的无量纲方程组为

$$\begin{aligned}
\sqrt{\alpha} &= F(\eta,\varphi_2) - F(\eta,\varphi_1) \\
\frac{b}{L} &= -\frac{1}{\sqrt{\alpha}} \{2\eta\cos\varphi(\cos\varphi_1 - \cos\varphi_2) + \sin\varphi[2E(\eta,\varphi_2) - 2E(\eta,\varphi_1) - F(\eta,\varphi_2) + F(\eta,\varphi_1)]\} \\
\frac{a}{L} &= -\frac{1}{\sqrt{\alpha}} \{2\eta\sin\varphi(\cos\varphi_2 - \cos\varphi_1) + \cos\varphi[2E(\eta,\varphi_2) - 2E(\eta,\varphi_1) - F(\eta,\varphi_2) + F(\eta,\varphi_1)]\}
\end{aligned} \tag{7-10}$$

其中,$F(\eta,\varphi_i)$、$E(\eta,\varphi_i)$ 分别为第一类和第二类椭圆积分,可表示为

$$\begin{aligned}
F(\eta,\varphi_i) &= \int_0^{\varphi_i} \frac{\mathrm{d}\theta}{\sqrt{1-\eta^2\sin^2\theta}} \\
E(\eta,\varphi_i) &= \int_0^{\varphi_i} \sqrt{1-\eta^2\sin^2\theta} \mathrm{d}\theta
\end{aligned} \tag{7-11}$$

式中:φ_1、φ_2 分别对应梁两端的水平倾角 θ_1、θ_2;η 为椭圆积分函数的模数,在 0~1 之间变化;φ_i 为椭圆积分函数的幅值,它沿着梁从左侧的 φ_1 连续变化为右侧的 φ_2。

对于梁段上任意一点 s,有

$$k\sin\varphi_i = \cos\frac{\varphi-\theta}{2} \tag{7-12}$$

考虑到梁轴向变形引起的水平位移 a_a 和竖向位移 b_b,它的无量纲方程组为

$$\begin{aligned}
\frac{a_a}{L} &= \int_0^1 \left(\frac{F\cos(\varphi-\theta)\cos\theta}{EA}\right) \mathrm{d}s' \\
\frac{b_a}{L} &= \int_0^1 \left(\frac{F\cos(\varphi-\theta)\sin\theta}{EA}\right) \mathrm{d}s'
\end{aligned} \tag{7-13}$$

式中:A 表示梁的截面积;$\mathrm{d}s'$ 表示 $\mathrm{d}s$ 对 L 的微分。

由此,斜直梁的末端点位姿可计算为

$$a_0 = a + a_a$$
$$b_0 = b + b_a \tag{7-14}$$

在固定导向约束中,由于 $\theta_1 = \theta_2 = 0$,因此在求解 φ_1、φ_2 时会得到同一个方程

$$\sin\varphi_{1,2} = \frac{1}{\eta}\cos\frac{\varphi}{2} \tag{7-15}$$

因此要求 φ_1 为式(7-15)的主解,而 φ_1 为高阶解。对应了不同模态的解,一阶模态时 $\varphi_2 = \pi - \varphi_1$,二阶模态时 $\varphi_2 = 2\pi + \varphi_1$。一阶模态的梁上存在一个拐点,二阶模态的梁上存在两个拐点,如图 7-3 所示,每种模态对应梁在变形空间中的不同区域。

经上述推导,建立了斜直梁的受力-位移关系的数学模型。在后续的研究中,将采用 MATLAB 软件对已知位移反向推导斜直梁受力的问题进行求解。

假设有一段双稳态梁,长为 20mm,面内厚度 0.2mm,面外厚度 4mm。该梁段斜倾角为 4°,杨氏模量为 72GPa。在梁导向方向施加 1mm 的驱动位移,其变形后的挠曲线及位移——支反力/刚度曲线可通过 MATLAB 计算解得,结果如图 7-4 所示。对于这段双稳态梁,它先弯曲为第一阶模态,然后屈曲形成第二阶模态,而后再次弯曲为第一阶模态。双稳态梁的第二阶模态的刚度为负,这也是其在刚度组合型恒力机构中能实现应用的主要原因,正刚度梁则是用于平衡这段负刚度,最终形成机构的零刚度。值得注意的是,在第二阶模态时,双稳态梁的刚度为一个相对恒定的值,这就要求正刚度梁的刚度也应提供一个稳定的输出正刚度,以稳定地实现刚度的叠加归零。

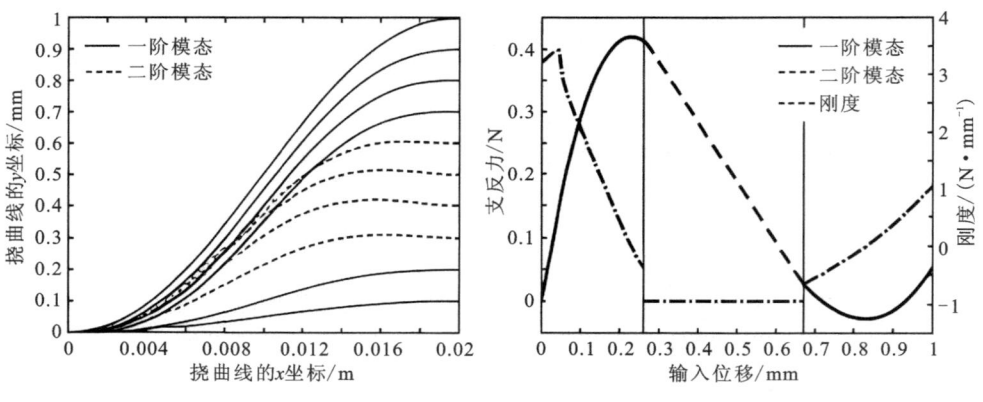

图 7-4 双稳态梁的挠曲线及其位移——支反力/刚度曲线

7.2.3 正刚度机构建模

直梁作为正刚度梁被广泛应用于刚度组合式恒力机构的设计(Wang and Xu,2016;Liu et al.,2016;Zhang and Xu,2019;Ye et al.,2021;Liu and Xu,2016;Zhang and Xu,2019;Hao et al.,2017)。从机构的角度上讲,直梁在固定-导向约束下遵循胡克定律,体现出正刚度的特性。然而从大变形的角度分析,直梁作为柔顺铰链,其刚度随输入位移的增加逐渐增大,仅能在小变形的前提下认为其刚度是近似稳定的。图 7-5 所示的大变形仿真分析表明,对于长

度为 25mm、面内厚度 0.1mm、面外厚度 4mm 的均匀直梁,在对称布置的导向约束下,施加 2mm 的输出位移时,其支反力就达到了 13.5N,结构瞬时刚度则随着输入位移的增加从 0 增大到 19.7N/mm。这样的特性使得以直梁为基础的恒力机构整体刚度偏大,且输出恒力较难在大范围内保持稳定。

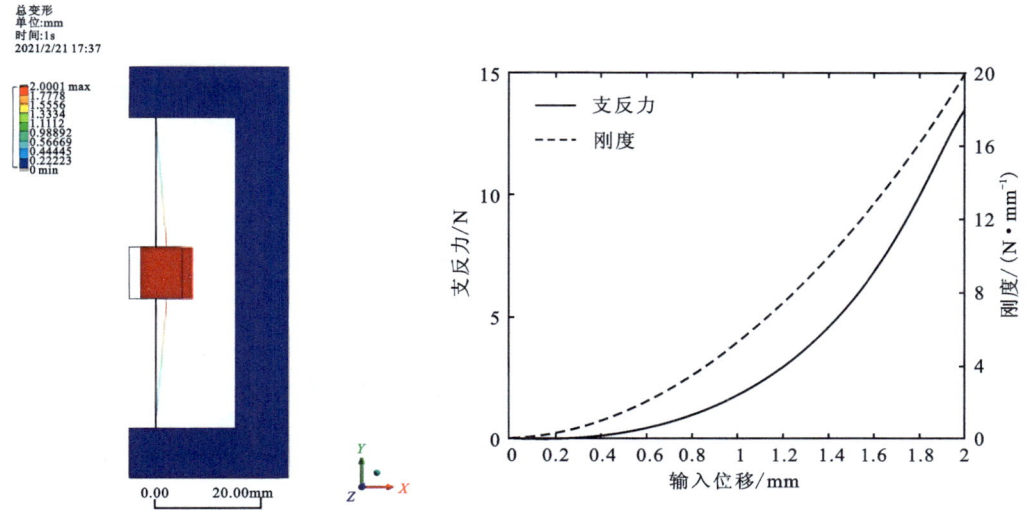

图 7-5　直梁的仿真分析及位移——反力/刚度图(直梁材料 Al-6061)

实验中发现,圆梁也可作为正刚度梁用于恒力机构的设计。如图 7-6 所示的仿真实验中,在近似的几何空间和相同的约束下,对于两段半径为 10mm、面内厚度 0.1mm、面外厚度 4mm 的均匀半圆梁,在施加 5mm 位移时,最大支反力仅有 0.63N,同时结构瞬时刚度也基本稳定在 0.1~0.2N/mm 之间。实验的结果表明,半圆形梁在大变形时能保持更稳定、更低的刚度。

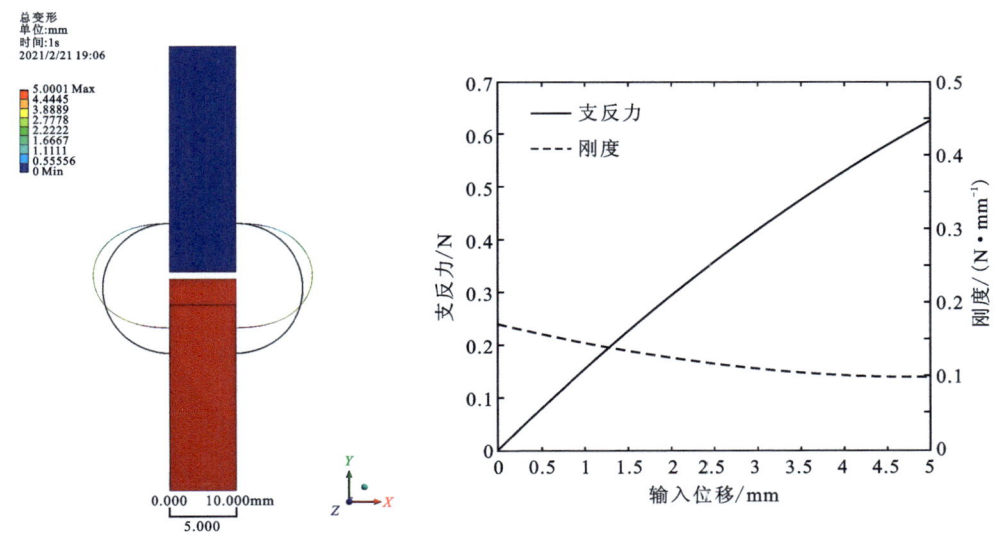

图 7-6　圆梁的仿真分析及其位移——反力/刚度图(圆梁材料 Al-6061)

对于中微尺度柔顺微夹持器,它的工作力需求一般都在微牛顿级;工作空间虽定位于 $100\mu m\sim 1mm$,但从进一步拓展应用的角度上讲,对恒力机构的要求是在满足基本需求的前提下,恒力区间越宽、恒力值越稳定越好。结合上述的斜直梁的分析结果,可知使用半圆形梁构建高性能的恒力机构将会比使用直梁更有优势。

根据第 2 章的内容可知 PPRR 模型能精确地用于圆梁的大挠度弯曲模拟,然而上述论证的伪刚体模型及其参数是基于固定-铰接约束、已知载荷状态、末端点位姿为优化目标的情况。对于恒力机构中的正刚度梁,它是基于固定-导向约束的。在这类问题的分析中,往往是已知梁端点的位姿,需要求解竖直方向上的分力。因此需要基于这类情况重新求解 PPRR 伪刚体模型对半圆形梁的特征参数。

在减小求解量的考虑下,可参考微夹持器的实际输出需求(1N/mm),先约束半圆梁的几何参数取值范围。综合刚度与几何尺寸的关系,本次的优化问题中将半圆梁几何参数的取值(单位:mm)限定为

$$R \in [5,15], b \in [4,10], t \in [0.1,0.3] \tag{7-16}$$

优化目标为在运动到相同位置时,半圆梁和伪刚体模型末端竖直方向分力的平均绝对误差,即

$$e_f = \frac{1}{N}\sum_{p=1}^{N} |F_{\text{PPRR}} - F_{\text{beam}}| \tag{7-17}$$

其中,$N(N = 16 \times 4 \times 4 \times 5)$ 组数据均分布于最大允许驱动行程及几何参数取值范围内。

在固定-导向的约束中,a_0、b_0 和 θ 3 个位姿参数是已知量,理论的垂直力 F 可通过 ANSYS 求得。对于 PPRR 伪刚体模型,依然可以使用式(2-12)和式(2-13)进行对应参数的求解,但需要引入力的倾角 φ 和额外力矩 M_0。φ 的作用是使梁末端沿既定的轨迹移动,M_0 则可以理解为是半圆梁在挠曲过程中由机构施加于梁末端的力矩,其效果是维持梁末端角的恒定。根据 Xu 等(2020)的文献中描述的详细过程,最终通过优化解得的 PPRR 模型参数为

$$\gamma_0 = 0.065\ 1, \gamma_1 = 0.667\ 9, \gamma_2 = 0.267\ 0$$
$$K_1 = 4.684\ 9, K_2 = 12.201\ 9 \tag{7-18}$$
$$K_x = 1.439\ 0, K_y = 145.107\ 5$$

所求得的模型参数适用于式(7-16)中所作尺寸限定的圆梁的建模应用,结合式(2-12),即可快速求解一定几何尺寸的圆梁在固定-导向约束下位移与支反力的关系,为恒力机构的尺寸优化提供了数学基础。

7.2.4 恒力机构可调设计

一个既定的恒力机构具有固定的输出特性,总是会在运动到固定位置时才进入其恒力区间,这样会限制单个恒力机构在变化工况中的应用性。例如在前文中使用半圆形梁优化了恒力机构的输出性能,使得出的结构能够在超过 90% 的运动区间内都保持为 1N 的恒力,但此时如果被操作物件要求最大操作力不超过 700mN,则不能使用基于该恒力机构的微夹持器进行操作。

可调恒力机构能有效地改善单个恒力机构的实际操作性能,其工作原理如图 7-7 所示。

第 7 章 基于圆梁型铰链的柔顺可调恒力激夹持器设计

恒力机构的实际位移-支反力特征曲线可视为是固定的,预加载的作用是改变外界所能观测到的曲线坐标原点,即正向预加载是将坐标原点沿特征曲线向左移动,负向预加载是将坐标原点沿特征曲线向右移动。通过移动坐标原点,就改变了观测到的恒力值和恒力区间位置。值得注意的是,预加载不会改变恒力区间长度,这是由恒力机构本身的结构特性决定的。

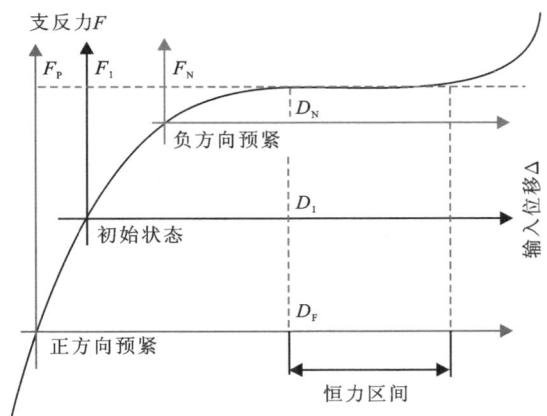

图 7-7 恒力机构不同加载状态下的位移-支反力图

本书中所提出的可调恒力机构平面结构如图 7-8 所示。图中所示的结构在半圆梁下部与刚性机构连接端设计出了额外的间隙,用于放置预紧结构(此处定义:半圆梁和斜直梁相连的刚性块表示为 A,两半圆梁下部相连的刚性块表示为 C,预紧位移表示为 B,外部刚性体表示为 S)。当 B 长度增加时,推动 A 和 C 向上移动,实现恒力机构的正向预加载;当 B 长度减小时,拉动 A 和 C 向下移动,实现恒力机构的负向预加载。

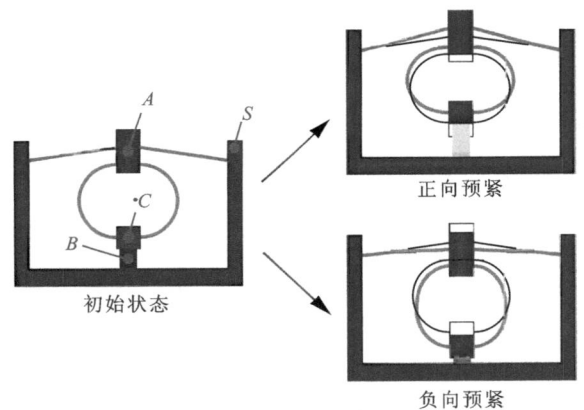

图 7-8 恒力机构的初始及预加载状态

恒力值的精确调节是可调恒力机构的重要性能指标之一。为实现这一目标,首先需要建立预紧位移与恒力输出值间的数学模型。通过在 B 原有长度的基础上施加 +1.8mm、+1.2mm、+0.6mm、-0.6mm、-1.2mm 和 -1.8mm 共 6 组预紧位移("+"表示正向预加载,"-"表示负向预加载)分别进行了测试实验。每组测试按加载可分为两个阶段,测试中始终固定刚体 S。阶段一:对 C 点施加对应的预紧位移,此时 A 被动运动;阶段二:固定 C 点,对

A 点施加向下的 1mm 测试位移,在这个过程中,恒力机构整体的支反力为 S 和 C 处的支反力之和。测试实验通过 ANSYS 完成,结果如图 7-9 所示。预紧位移 Δ_P 与恒力输出值 F_C 间通过二次多项式拟合可整理为

$$F_C = -0.029\,89\Delta_P^2 + 0.380\,8\Delta_P + 0.994\,9 (\Delta_P \in [-2,2]) \tag{7-19}$$

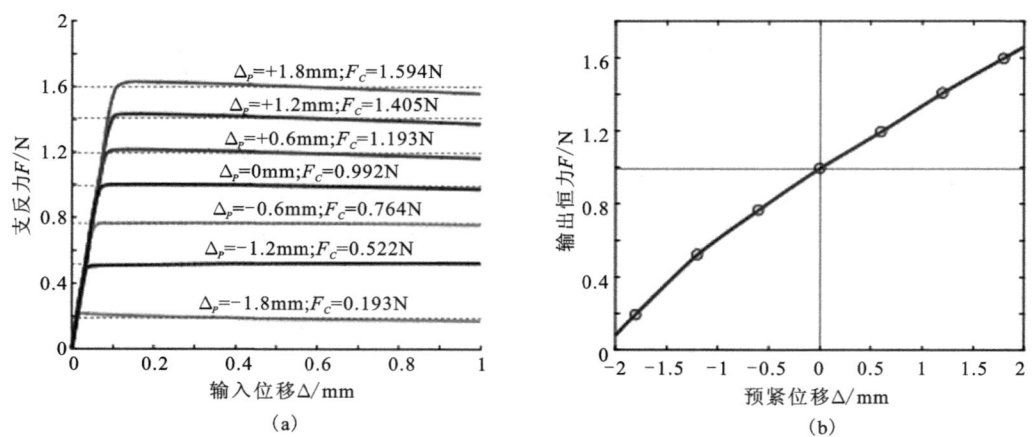

图 7-9 不同预紧位移下恒力机构的位移-支反力曲线(a)和输出恒力值相对于预紧位移的变化拟合曲线(b)

通过图 7-9 的实验可知:预紧位移和恒力输出值间保持较好的线性关系,说明在所设计的可调恒力机构中通过预加载来实现输出恒力的精确调节是可行的;在多种预加载下,可调恒力机构都能保持恒力的稳定且维持很长的区间,证明了该机构具有较高的性能。值得注意的是,在阶段一的预加载过程中,由于半圆梁和斜直梁的刚度是不一致的,A 和 C 的位移也不同。例如在 +1.8mm 的预紧位移时,A 点仅向上移动了 0.056 5mm。这样的现象也发生在以直梁为正刚度梁的恒力机构中。从图 7-9 中可见这样的预加载状态,对本书所设计的恒力机构的输出稳定性影响十分有限。这种现象是半圆梁大范围近恒刚度的特性导致的,也从侧面表明了半圆梁设计的优势。

7.2.5 刚度组合恒力机构的参数辨识和测试

基于刚度组合原理设计的恒力机构示意图如图 7-1 所示。连接圆梁形铰链和斜梁的上部刚体块是刚度组合恒力机构的输入端,外边缘块是输出端。连接圆梁形铰链的下块和外缘块之间的是预紧模块,它是指用于产生一定预紧位移 D_p 的一系列结构。

刚度组合恒力机构具有 6 个基本结构参数:倾斜梁长度 L、倾斜角度 Φ、倾斜梁面内厚度 t_1、圆梁半径 R、圆梁面内厚度 t_2、面外厚度 b。通常情况下,无论是变量 b 还是恒力输出,都有相对明确的要求。从而将刚度组合恒力机构的参数辨识问题分解为一个五维单目标优化问题。实际的客观方程是

$$\text{minimize}: e = \frac{1}{N}\sum_{p=1}^{N} |(2F_c^p + 2F_i^p) - F_t| \tag{7-20}$$

式中:F_c^p 和 F_i^p 分别为圆梁和斜梁沿输入方向所受的力。

在 SCCFM 的最大位移加载范围(D_{in})内均匀分布了 15 个采样点,那么式(7-20)可以理

解为最大工作行程 D_{in} 中输出力等于 F_t 的行程长度。对于微操作，被操作对象的尺寸通常小于 1mm，并且夹持力也需要很小(Sun et al.，2013)。因此，作为示范，将参数 F_t 设为 1N，将 D_{in} 设为 1 mm。考虑到加工的难度，需要首先确定梁的厚度。最后，可将相应结构参数的取值范围限定为

$$t_1 = 0.15\text{mm}, L \in [10,30](\text{mm}), \Phi \in [0.1,15](\text{degree})$$
$$t_2 = 0.15\text{mm}, R \in [5,15](\text{mm})$$

结合 7.2.2 节和 7.2.3 节的建模方程，将使用厚度为 4mm 的 Al 6061 材料获得的一组数据用于进一步的测试和设计。粒子群优化算法识别的 SCCFM 参数如表 7-1 所示。

表 7-1 刚度组合恒力机构的几何参数

材料	b/mm	t_1/mm	L/mm	Φ/(°)	t_2/mm	R/mm
Al 6061	4	0.15	20.884 4	4.040 6	0.15	9.124 5

基于所建立的参数，分别对斜梁和圆梁对进行了理论分析、有限元分析和实验测试，得到的实验结果如图 7-10 所示。从结构设计上看，刚度组合恒力机构输出的恒力具有良好的稳定性，只需较短的位移即可进入恒力区间。在恒力机构中，特别是斜梁对结构尺寸的变化非常敏感，且试验尺度较小，因此实验结果与理想结果存在一定的差异。对于恒力值，实验结果与数学模型和有限元结果的误差分别为 10.06% 和 8.63%。

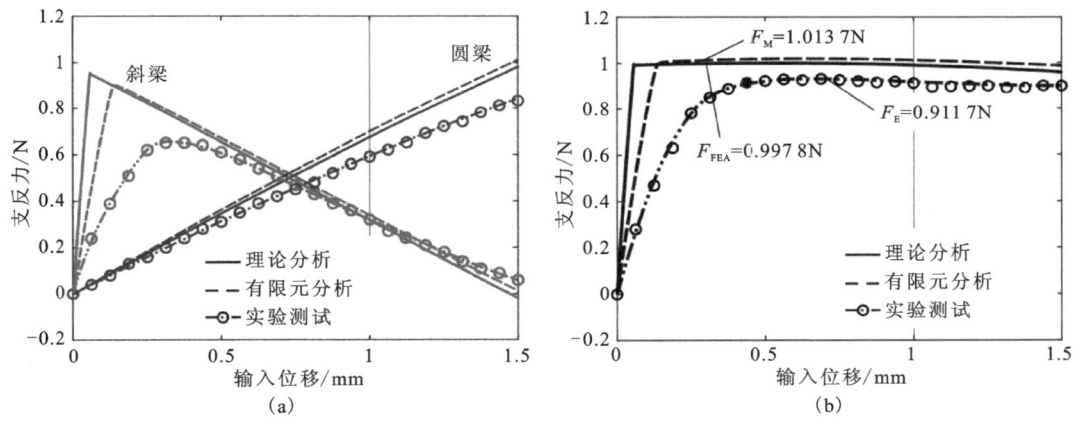

图 7-10 两对梁的位移-反力曲线(a)和位移-反力之和的曲线(b)

其次对刚度组合恒力机构的预紧力调整性能进行了测试，初步选择了 $D_p = +0.8\text{mm}$ 和 $D_p = -0.8\text{mm}$ 两组预紧位移。在试验中，在加入输入位移之前，对恒力机构施加预紧位移 D_p，观察了输入端加载时恒力机构的反力，相关结果如图 7-11 所示。从图中可以看出，所提出的刚度组合恒力机构在各预紧状态下仍能保持稳定的恒力输出，且恒力区间超出了试验范围。考虑到所提出的刚度组合恒力机构的特点，该机构可以扩展为高性能柔顺可调恒力夹持器设计。

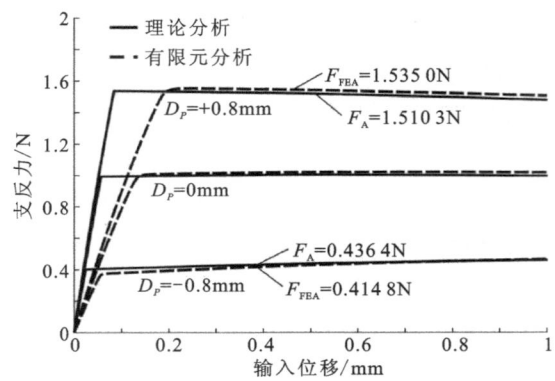

图 7-11　不同预紧位移下刚度组合恒力机构的位移-反力曲线

7.3　夹持器及预紧机构设计

7.3.1　夹持器设计与建模

由于压电陶瓷驱动器具有近乎无限分辨率、高刚性、响应速度快等优点，本书采用压电陶瓷驱动器作为位移输入装置。由于主动恒力机构只能对一定尺寸的物体保持恒力操作，而被动恒力机构可以保证被操纵物体感知的力是可控的，因此笔者采用被动恒力机构的设计。考虑恒力机构的输入输出与所选驱动器尺寸的关系，最终设计的柔顺夹持器如图 7-12 所示。

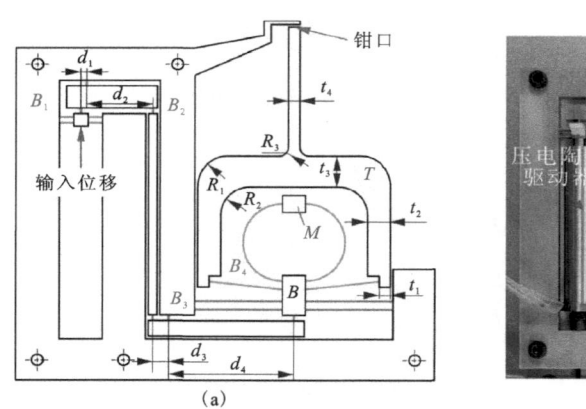
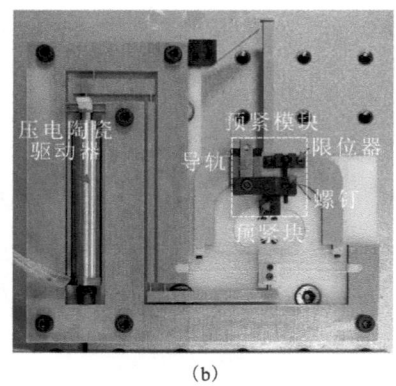

图 7-12　夹持器示意图及部分尺寸(a)和柔顺可调恒力微夹持器的实物原型(b)

如 7.2.1 节所述，驱动器的输出端和恒力机构的输入端串联连接。由于驱动器提供的输入量有限，采用两级杠杆机构来扩大输入位移。另外，安装了两个双平行导向机构来限制运动方向。夹持器的动爪与恒力机构的输出部分集成[图 7-12(a)中标记为 T 块]，钳口的固定端为外框的扩展。

预紧模块将连接两根圆梁的块体[图 7-12(a)中标记为 M 块]与 T 块进行连接固定。考虑到该模块应满足双向调节、行程大、无附加力矩、体积小的要求，笔者提出了由预紧块、预紧螺栓、限位器、小导轨组成的方案。预紧块首先通过预紧螺栓和导轨实现与夹持器的固定连

第7章 基于圆梁型铰链的柔顺可调恒力微夹持器设计

接,然后通过螺栓实现与 M 块的固定连接。由于限位器的限制,螺栓只能绕其中心轴相对于 T 块旋转。由于轨道的存在,预紧块只能沿 y 轴方向移动。因此,在旋紧预紧螺栓时,只有预紧块形成直线运动,M 块一起运动,最终实现预紧位移的调整。夹持器工作时,除非进一步调整预紧螺栓,否则 T 块与 M 块之间的距离不会改变。

在第 7.2.5 节中测试了刚度组合恒力机构的能力,然而,图 7-11 的结果是基于理想的约束和加载条件,在实际中很难实现。为了提高结构刚度,尽可能减小 CFM 的质量和体积,笔者采用了主要表现为增加一对凸台(t_1)和三对圆角($R_{1,2,3}$)的方案。

将柔度矩阵法与伪刚体 PPRR 模型相结合,描述两级杠杆机构和导向机构的柔度。由于铰链均为直铰且以受压为主,因此首先需要求解 PPRR 模型的特征参数。通过重复第 7.2.3 节末尾描述的过程,得到满足当前要求的参数:$\gamma_0 = 0.0011$,$\gamma_1 = 0.8340$,$\gamma_2 = 0.1649$,$K_1 = 4.2367$,$K_2 = 1.3090$,$K_x = 15.2801$,$K_y = 27.5258$。

由于设计的夹持器为平面机构,且伪刚体模型主要适合描述面内运动,因此本书仅考虑铰链的面内柔度。则叶形梁的基础柔度矩阵可表示为

$$C_{Ci} = \begin{bmatrix} C_{xF_x} & C_{xF_y} & C_{xM} \\ C_{yF_x} & C_{yF_y} & C_{yM} \\ C_{\theta_z F_x} & C_{\theta_z F_y} & C_{\theta_z M} \end{bmatrix} \tag{7-21}$$

C_{Ci} 的每个元素代表载荷(F_x、F_y、M)在其局部坐标系中沿方向(x、y、θ_z)形成运动的柔度。各铰链的坐标系及其编号如图 7-10 所示。通过调整式(7-21),每个铰链传递到输入点的柔度可表示为

$$C_i^{in} = A_d C_{Ci} A_d^T \tag{7-22}$$

式中:A_d 是用于坐标变换的伴随矩阵。

根据串并联关系,全局输入柔度可写为

$$C_O^{in} = (C_a^{-1} + C_b^{-1})^{-1} \tag{7-23}$$

$$C_a = (C_1^{in-1} + C_2^{in-1} + C_3^{in-1} + C_4^{in-1})^{-1} \tag{7-24}$$

$$C_a = \{[(C_c^{-1} + C_9^{in-1})^{-1} + C_8^{in} + C_7^{in}]^{-1} + C_6^{in-1}\}^{-1} + C_5^{in} \tag{7-25}$$

$$C_c = (C_{11}^{in-1} + C_{12}^{in-1} + C_{13}^{in-1} + C_{14}^{in-1})^{-1} + C_{10}^{in} \tag{7-26}$$

按照同样的方法建立相应的坐标系和伴随矩阵即可得到输出柔度,具体过程这里不再赘述。

对于高倍率的杠杆机构,它的铰链会产生较大的变形,这将显著影响实际输出。因此,在进行倍率建模时需要考虑杠杆旋转中心的漂移。根据 Liu 和 Xu(2016)的理论,旋转中心的漂移主要与轴向柔度 C_x 和旋转柔度 C_θ 有关,从而得出描述旋转中心稳定性的参数,表示为

$$\lambda = \frac{C_x}{C_{\theta_z}} \tag{7-27}$$

则考虑各铰链旋转中心漂移后的两级杠杆机构的放大比为

$$k_{\text{ratio}} = \frac{\lambda^2 + \lambda(d_1 d_2 + 2d_1 d_3 + d_2 d_3 - d_3^2 + 3d_1 d_4 + 2d_2 d_4 - d_3 d_4) + (d_1 d_2 d_3^2 + d_1 d_2 d_3 d_4)}{5\lambda^2 + \lambda(3d_1^2 + 2d_1 d_2 + 2d_2^2 - d_1 d_3 - 2d_2 d_3 + 2d_3^2) + d_1^2 d_3^2} \tag{7-28}$$

根据上述结构以及所选恒力机构和驱动器的尺寸,改进后的夹持器的主要几何参数列于表 7-2 中。

表 7-2 夹持机构主要几何参数　　　　　　　　　　单位:mm

参数	d_1	d_2	d_3	d_4	t_1	t_2	t_3
数值	3	22	5.5	40	4	8	11
参数	t_4	R_1, R_2	R_3	B_1	B_2	B_3	B_4
数值(长度,厚度)	4	10	3	5,0.5	3,0.5	27,0.15	—,0.15

7.3.2 双向可调预紧装置设计

本节对夹持器中所用到的预紧装置进行详细介绍。为使柔顺微夹持器正确地实现恒力调节,并且不影响夹持器的正常运行,需使预紧调节机构能跟随恒力机构输出端一起移动。对应图 7-8,A 处的刚体将作为恒力机构的输入端,连接驱动模块的输出端;S 处的刚体将作为恒力机构的输出端,连接夹爪模块。图 7-9 中所示的实验结果描述了恒力机构在双向预紧方面的可行性,如何实现恒力机构的双向预紧调节则是一个重要研究内容。

在一般柔顺平台中,预紧机构往往用于实现平台驱动器的预紧。预紧机构有多种形式,常用的有螺栓预紧机构和楔块预紧机构。螺栓预紧机构结构简单,通过使用拧动螺栓直接推动驱动器形成预紧。然而螺栓会对直接接触的物体形成扭矩,进而会对机构的受载运动产生影响。楔块预紧机构结构紧凑,应用较为普遍。但这类机构不能确保等效预紧力是沿着预紧中心轴线的,这样就会产生侧向扭矩。此外,这两类预紧机构是针对平台驱动器的初始预紧而设计的,只能进行单向预紧。Hao 等(2017)采用了螺旋微分头实现了恒力机构的双向预紧,并且避免了扭转力矩的形成。然而在该方案中,微分头的体积和质量都相对较大,如果配置在被动式恒力机构中会进一步增加柔顺微夹持器的末端质量,进而在一定程度上影响夹持器结构性能,如降低夹持器固有频率。因此需要为柔顺微夹持器设计新的更可靠、体积更小的外部预紧机构。

综合考虑各类要求,最终设计出了如图 7-13 所示的双向可调预紧机构。所示结构主要设计内容集中在预紧位移 B 的两端,即在 C 对于 S 的投影处(S_C)和 C 处两侧加工出凸体,然后在两侧凸体中做出竖直通孔,并在 S_C 处外侧做出侧开孔。S_C 处在竖直方向上的开孔为光滑孔,S_C 处水平方向和 C 处的开孔为螺纹孔。

完成恒力机构的预紧需要使用到"1"号和"2"号螺栓。"1"号螺栓总长超过 $h_1+h_2+h_3$,非螺纹段长度略大于 h_1。该螺栓正确装配时对应 φ_2 的位置需额外切削,切削宽度与"2"号螺栓匹配。"2"号螺栓螺纹长度不超过 l_3,总长与"1"号螺栓切削出的深度相匹配,使"2"号螺栓能顶入"1"号的切削凹槽。在完成装配后的预紧过程中,由于"1"号螺栓被"2"号螺栓限定了竖直方向的移动,因此在拧动"1"号螺栓时,会使 C 向上/向下移动,进而完成恒力机构的预加载。

为避免因不恰当螺栓预紧而对恒力机构中的梁形成额外的转矩,上述结构将在两侧对称布置。"1"号螺栓拧动角度与输出恒力值间的关系式需结合该螺栓参数与式(7-19)进行计算。

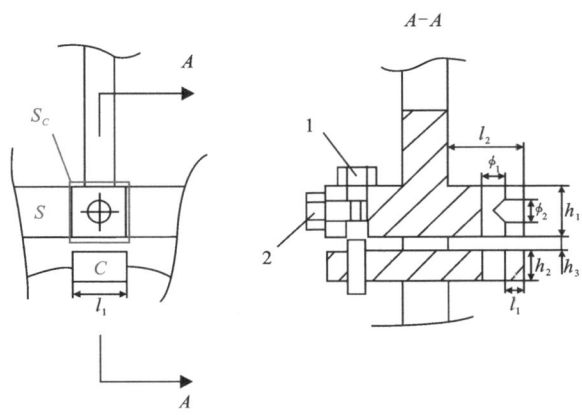

图 7-13 双向可调预紧机构

例如,在理想情况下,使用代号为 M3 的细牙螺栓,其公称直径 $d=3\text{mm}$,螺距 $p=0.5\text{mm}$,即拧动该螺栓一周,径向进给 0.5mm;结合式(7-19),拧动角度和预紧力的关系可整理为

$$F_C = -0.0007572\Delta_\varphi^2 + 0.06061\Delta_\varphi + 0.9949 (\Delta_\varphi \in [-2,2]) \tag{7-29}$$

7.4 夹持器的实验研究

7.4.1 原型加工

为降低多个长叶形梁带来的集成加工难度,采用分别加工后组装的方式加工了可调节恒力夹持器样机[图 7-12(b)]。利用电火花线切割加工工艺制造刚性部件和杠杆机构。叶形梁由激光切割 0.15mm 厚的铝板成型,圆梁另外经过冷冲压成型。其他结构件均通过 3D 打印成型。夹持器的尺寸为 136mm×130mm×4mm。测试系统如图 7-14 所示。所选压电陶瓷驱动器型号为 COREMORROWPSt150/7/60 VS12,可提供最大 $57\mu\text{m}/1200\text{N}$ 的输出。驱动器通过商用放大器和 dSPACE-MicroLabBox 系统驱动。采用一个力传感器(型号:SBT970 和 SBT674)和两个激光位移传感器(型号:KEYENCE LK-G5001V 和 LK-H050)来采集夹持器的载荷数据以及驱动器输入点和 B 块的位移数据。

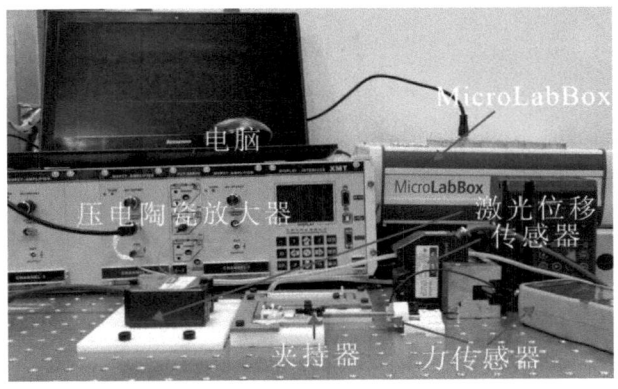

图 7-14 可调恒力夹持器实验系统

7.4.2 实验分析

本小节进行了实验研究和有限元分析以验证所提出的夹持器的理论模型。首先进行静态结构分析以评估可调恒力输出特性；然后进行应力分析，验证机构能否正常工作；此外，还进行模态分析来评估夹持器的动态特性。在所有有限元分析中都打开"大变形"设置，并且为了保证有限元分析过程的准确性，需要对模型进行精细网格划分，并且需要将载荷子步控制在足够的量。此外，一对小偏置载荷被添加到倾斜梁上以预测模态形状(Holst et al.,2011)。

由于所提出的夹持器本质上是被动恒力机构，因此它有两种工作模式。在第一种模式下，驱动器连续输入，但钳口不接触物体，恒力机构的输入块（在图7-12中标记为 B 块）以及所有后续结构一起移动。在此工作状态下进行放大倍率和应力分析。该模式下，由于机构输入刚度的影响，驱动器的最大输入为 $49\mu m$。动爪在夹持方向上的位移达到 $977.06\mu m$，而有限元分析给出的值为 $997.15\mu m$。放大倍数分别约为 19.94 和 20.35，与理论放大倍数 21.02 相比，误差分别为 5.14% 和 3.19%。高放大倍数的设计保证了无论操作物体的大小，恒力机构都可以被驱动到恒力区间。在此条件下，执行机构所需的最大输入力为 321.42N，这意味着输入刚度约为 6560N/mm，相对于分析结果 7279N/mm 的误差为 9.88%。等效应力最大值为 396.05MPa，位于一级杠杆机构轴中心处。

在钳口接触物体的另一种模式下，T 块和 M 块被视为固定，而 B 块由于恒力机构的低刚度而可以保持其运动。T 块和 M 块通过预紧机构固定连接，这样在工作过程中两个块体产生的反作用力的合力就是夹持器的输出力。当夹持器输出最大位移时，夹持器在初始预紧状态下的输出力结果如图 7-15(a) 所示。从图中可以看出，初始状态下夹持器的恒力输出为 0.811 8N，初始预紧状态下 B 块的位移达到 $852\mu m$。将部分预紧状态下的输出力曲线与有限元结果进行了比较，如图 7-15(b) 所示。不同预紧状态下输出力相对于 B 块位移的曲线组如图 7-15(c) 所示。较高预紧状态下输出位移的损失和初始状态下恒力值的降低，主要是由于机构输出刚度相对较小，同时恒力机构中梁的刚度因装配和加工误差而降低所致。

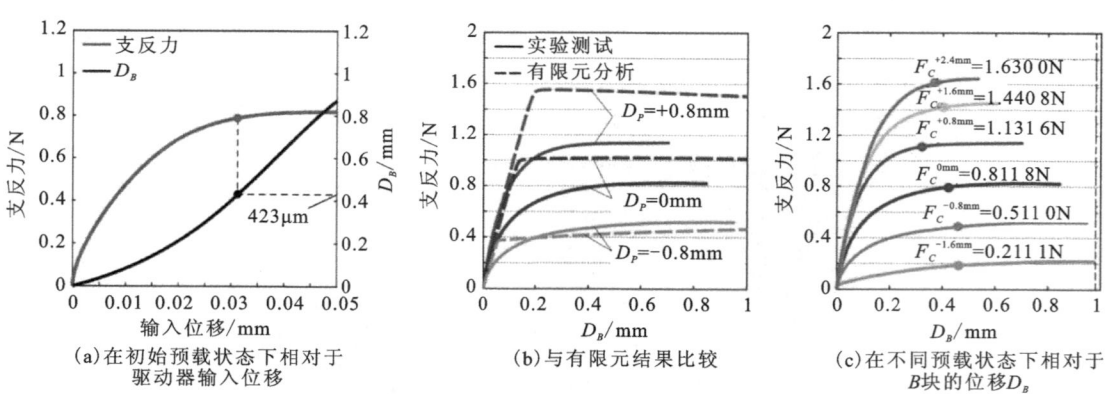

(a) 在初始预载状态下相对于驱动器输入位移 (b) 与有限元结果比较 (c) 在不同预载状态下相对于 B 块的位移 D_B

图 7-15 夹持器的反作用力曲线

然而，由于所设计的预紧机构的优点，即使需要更大的预紧位移，夹持器也能实现预定的调节性能。而且，夹持器在每个预紧状态下都能体现出波动很小的恒力输出，这种现象在较

第 7 章　基于圆梁型铰链的柔顺可调恒力激夹持器设计

低预紧状态下更为明显,从机构上为精密物体的操作提供了稳定的安全保证。整理得到的更多结果如图 7-16 所示。所有恒力都具有良好的稳定性,并且与预紧力位移呈线性关系,如图 7-16(a)所示。图 7-16(b)、(c)反映了所选恒力数据的标准差及其恒力区间在夹持行程中的比例。为了便于使用,恒力数据 F_c 使用关于预载位移 D_p 的一阶多项式进行拟合,表示为

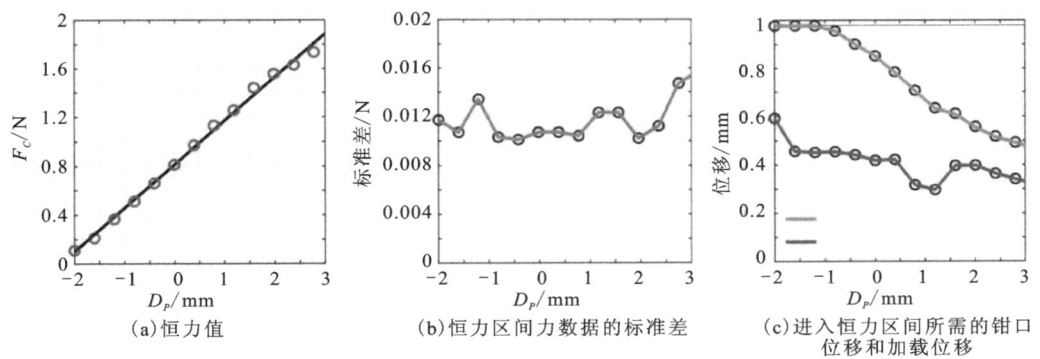

(a)恒力值　　(b)恒力区间内数据的标准差　　(c)进入恒力区间所需的钳口位移和加载位移

图 7-16　与预紧位移 D_p 相关的变量曲线

$$F_c = 0.356 \times D_p + 0.810\,8, D_p \in [-2, 3] \tag{7-30}$$

需要注意的是,恒力区间的上限大于 B 块在各预载状态下所能达到的位移,并且反作用力在整个恒力区间内保持良好的稳定性。这种特性使得无须控制器设计即可实现高效的恒力操纵。因此,图 7-17 所示的所有夹取测试中的夹持器均由压电陶瓷驱动器的最大输出驱动,夹取不同的物品使用相应的恒力调节。表 7-3 列出了该夹持器与其他恒力夹持器和可调恒力机构之间的性能比较。由此可以看出,该夹持器在可调节性、恒力输出和力小型化方面具有更加平衡的优势。

(a)钳口全开

(b)钳口闭合

(c)夹线细铜线

(d)夹取钢球

(e)夹取微型零件

图 7-17　夹取测试

表 7-3　与其他恒力夹持器和恒力机构的性能比较

类型	驱动器	可调性	恒力值/N	恒力区间长度/mm	加载位移/mm
该夹持器	压电陶瓷,螺栓	双向	0.110～1.735	0.516～0.146	0.596～0.346
Liu 等(2016)	压电陶瓷	—	0.530	0.220	0.400
Zhang 等(2019)	XYZ 定位台	—	4.4(4.3)	1.4	1.7
Chen 等(2012)	步进电机	单向	10.6～21.2	4	2
Hao 等(2017)	微分头	双向	1.31～7.11	3	2.3
Pluimers 等(2012)	直线电机	开,关	0.4,4.4	16	1

7.4.3　模态分析

最后,通过模态分析验证了所提出的夹持器的动态性能,特别进行了初始输出和预载状态下 B 块的频率响应测试。压电陶瓷驱动器由振幅为 8V、频率范围为 0.01～100Hz 的扫频正弦波驱动。具体的频率响应是通过评估 B 块的位移数据来实现的,最终得出的自然固有频率为 3.2Hz。

7.5　本章小结

本章提出了一种基于圆梁型铰链的柔顺可调恒力夹持器。首先,对夹持器中的圆梁型铰链和倾斜梁进行了分析和建模。其次,结合椭圆积分法和伪刚体模型法,通过粒子群优化算法辨识刚度组合恒力机构的结构参数。然后,提出了一种基于刚度组合恒力机构的被动恒力夹持器。最后,进行了一系列静态结构分析和模态分析,以证明所提出的夹持器的性能。结果表明,所设计的夹持器具有良好的恒力输出和恒力可调能力。这项工作的主要内容可以总结如下。

(1)设计了柔顺可调恒力夹持器。

(2)开发了基于圆梁型铰链的刚度组合恒力机构,能够产生稳定的恒力和较长的恒力区间。

(3)设计了结构紧凑的预紧机构,实现了夹持器恒力输出的可调,可以用单个夹持器完成连续且变化的操作任务。

总之,柔顺可调恒力夹持器使得对微小物体的操作力不再受到单一夹持器的严格限制,无须复杂的控制器设计即可实现轻松安全的操作。在未来的工作中,将进行动态性能的优化,以提高微操作的效率,自动恒力调节也是一个优化方向。

主要参考文献

BOUDAOUD M,REGNIER S,2014. An overview on gripping force measurement at the micro and nano-scales using two-fingered microrobotic systems[J]. International Journal of

Advanced Robotic Systems,11(3):45.

CHEN G, MA F, HAO G, et al., 2019. Modeling large deflections of initially curved beams in compliant mechanisms using chained beam constraint model[J]. Journal of Mechanical Robotics,11(1):011002.

CHEN Y H, LAN C C, 2012. An adjustable constant-force mechanism for adaptive end effector operations[J]. Journal of Mechanical Design,134(3):031005.

CHEN Y H, LAN C C, 2012. An adjustabie constalt-force mechanism for adaptire end effector operations[J]. International Journal of Mechanics and Materials in Design,134(3):4005865.

GUELMAN M, KOGAN A, KAZARIAN A, et al., 2004. Acquisition and pointing control for inter-satellite laser communications[J]. IEEE Transactions on Aerospace and Electronic Systems,40(4):1239-1248.

HAO G, HAND R B, 2016. Design and static testing of a compact distributed-compliance gripper based on flexure motion[J]. Archives of Civil and Mechanical Engineering, 16:708-716.

HAO G, MULLINS J, CRONIN K, 2017. Simplified modelling and development of a bi directionally adjustable constant-force compliant gripper[J]. Proceedings of the Institution of Mechanical Engineers, Part C: Journal of Mechanicel Engineering Science, 231 (11): 2110-2123.

HAO G, MULLINS J, CRONIN K, 2017. Simplified modelling and development of a bidirectionally adjustable constant-force compliant gripper[J]. Proceedings of the Institution of Mechanical Enginears, Partc: Journal of Mechanical Engineering Science, 231 (11): 2110-2123.

HENKE A, KUMMEL M, WALLASCHEK J, 1999. A piezoelectrically driven wire feeding system for high performance wedge-wedge-bonding machines[J]. Mechatronics, 9 (7):757-767.

HOLST G L, TEICHERT G H, JENSEN B D, 2011. Modeling and experiments of buckling modes and deflection of fixed-guided beams in compliant mechanisms[J]. Journal of Mechanical Design,133(5):051002.

HOWELL L L, MAGLEBY S P, OLSEN B M, et al., 2013. Handbook of Compliant Mechanisms[M]. New York: Wiley Online Library.

JOSHI R S, MITRA A C, KANDHARKAR S R, 2017. Design and analysis of compliant micro-gripper using pseudo rigid body model (PRBM)[J]. Materials Today: Proceedings, 4 (2):1701-1707.

LIU C H, HUANG G F, CHIU C H, et al., 2018. Topology synthesis and optimal design of an adaptive compliant gripper to maximize output displacement[J]. Journal of Intelligent and Robotic Systems,90(3):287-304.

LIU Y, ZHANG Y, XU Q, 2016. Design and control of novel compliant constant-force gripper based on buckled fixed-guided beams[J]. IEEE/ASME Transactions on Mechatronics,22(1):476-486.

LIU Y,ZHANG Y,XU Q,2016. Design and control of novel compliant constant force gripper based on buckled fixed-guidedbeams[J]. IEEE/ASME Transactions on Mechatronics,22(1):476-486.

MIAO Y,ZHENG J,2020. Optimization design of compliant constant-force mechanism for apple picking actuator[J]. Computers and Electronics in Agriculture,170:105232.

PETKOVIĆ D,PAVLOVIĆ N D,SHAMSHIRBAND S,et al. ,2013. Development of a new type of passively adaptive compliant gripper[J]. Industrial Robot: An International Journal,40(6):610-623.

SHEN X,ZHANG L,QIU D,2021. A lever-bridge combined compliant mechanism for translation amplification[J]. Precision Engineering,67:383-392.

SUN X,CHEN W,TIAN Y,et al. ,2013. A novel flexure-based microgripper with double amplification mechanisms for micro/nano manipulation[J]. Review of Scientific Instruments,84(8):085002.

WANG D,YANG Q,DONG H,2011. A monolithic compliant piezoelectric-driven microgripper:design,modeling,and testing[J]. IEEE/ASmE Transactions on Mechatronics, 18(1):138-147.

WANG J Y,LAN C C,2014. A constant-force compliant gripper for handling objects of various sizes[J]. Journal of Mechanical Design,136(7):071008.

WANG P, XU Q, 2017. Design of a flexure-based constant-force XY precision positioning stage[J]. Mechanism and Machine Theory,108:1-13.

WANG P,XU Q,2018. Design and modeling of constant-force mechanisms: A survey [J]. Mechanism and Machine Theory,119:1-21.

XU H,GAN J,ZHANG X,2020. A generalized pseudo-rigid-body PPRR model for both straight and circular beams in compliant mechanisms[J]. Mechanism and Machine Theory, 154:104054.

XU Q,2015. Design,fabrication,and testing of an MEMS microgripper with dual-axis force sensor,IEEE Sensors Journal,15(10):6017-6026.

XU Q,2018. Micromachines for biological micromanipulation[M]. Cham:Springer.

YE T,LING J,KANG X,et al. ,2021. A novel two-stage constant force compliant microgripper[J]. Journal of Mechanical Design,143(5):053302.

ZAREINEJAD M,REZAEI S,ABDULLAH A,et al. ,2009. Development of a piezo-actuated micro-teleoperation system for cell manipulation[J]. The International Journal of Medical Robotics and Computer Assisted Surgery,5(1):66-76.

ZHANG X, XU Q, 2019. Design and analysis of a 2-DOF compliant gripper with constant-force flexure mechanism[J]. Journal of Micro-Bio Robotics,15(1):31-42.

ZHANG X, XU Q, 2019. Design and analysis of a 2-DOF compliant gripper with constant-force flexure mechanism[M]. Journal of Micro and Bio Robotics, 15(1): 31-42.

ZHANG X, XU Q, 2019. Design and testing of a novel 2-DOF compound constant-force parallel gripper[J]. Precision Engineering, 56: 53-61.

ZHAO J, JIA J, HE X, et al., 2008. Post-buckling and snap-through behavior of inclined slender beams[J]. Journal of Applied Mechanics, 75(4): 041020-041026.

ZHU B, ZHANG X, ZHANG H, et al., 2020. Design of compliant mechanisms using continuum topology optimization: a review[J]. Mechanism and Machine Theory, 143: 103622.

ZUBIR M N M, SHIRINZADEH B, 2009. Development of a high precision flexure-based microgripper[J]. Precision Engineering, 33(4): 362-370.